高等院校人工智能通识课系列"新形态"规划教材

U0814909

计算思维与人工智能实验教程

主　编　刘防修　刘　毅　成　静
　　　　李　慧　李医民
主　审　韩　飞

本书资源使用说明

北京邮电大学出版社
·北京·

内容提要

本书以系统工具筑基、专业领域贯通、AI（人工智能）习题强化为核心脉络，构建了从计算思维和AI应用基础到专业领域跨学科创新实验的AI通识课程实验体系。全书首先聚焦操作系统安装、网络搭建、WPS智能应用（包括提问技巧、智能写作、表格处理、灵犀功能、DeepSeek数据分析联动）等基础技能，结合提示词工程框架（BROKE、COAST）与AIGC工具链，实现人机协同能力升级；随后深入工学、经济与管理、医学、农学、理学等八大领域，通过30余项专业领域实验推动AI技术与专业场景融合，所有实验均配备相应模拟实验数据集与操作步骤；最后通过386道覆盖机器学习、生成式AI等核心技术的习题及解答，形成"学—练—评"闭环。

本书适用于高等学校AI通识课实践课程，可为读者构建计算机和AI应用的系统性技术认知，助力经济与管理、医学、农学、理学等非技术背景学习者掌握AI赋能专业的方法；同时可为教育工作者设计跨学科课程的实践提供完整的资源支持，也可供各行业从业者探索数字化转型参考。

图书在版编目（CIP）数据

计算思维与人工智能实验教程 / 刘防修等主编 .

北京 : 北京邮电大学出版社 , 2025. -- ISBN 978-7

-5635-7600-5

Ⅰ. O241; TP18

中国国家版本馆 CIP 数据核字第 2025PU4416 号

策划编辑：肖玉坤　　**责任编辑：**杜　立　　**封面设计：**刘昊德

出版发行：北京邮电大学出版社

社　　址：北京市海淀区西土城路 10 号（100876）

电话传真：010–82330190　62282185（发行部）　010–82333009　62283578（传真）

网　　址：www.buptpress3.com

电子信箱：buptpress3@163.com

经　　销：各地新华书店

印　　刷：三河市骏杰印刷有限公司

开　　本：787 mm × 1 092 mm　1/16

印　　张：15

字　　数：367 千字

版　　次：2025 年 8 月第 1 版

印　　次：2025 年 8 月第 1 次印刷

ISBN 978–7–5635–7600–5　　定价：52.80 元

前　言

在数字化转型浪潮席卷全球的今天，人工智能技术正以前所未有的速度重塑着人类社会的知识体系与生产模式。国务院发布的《新一代人工智能发展规划》明确指出“人工智能成为国际竞争的新焦点”。加快培养具有人工智能基础知识和应用能力的复合型人才，是建设创新型国家的重要战略支撑。本书正是响应这一时代召唤，为推进新工科、新文科建设背景下跨学科人才培养而精心编著的实践型教材。

本书突破传统计算机基础教育的学科壁垒，以“计算思维 + 人工智能 +X”的融合教育理念为指导，构建了“工具赋能 – 专业融合 – 创新实践”三位一体的教学体系。通过将人工智能技术深度融入专业领域实践，培养学生在数字化时代的核心素养：既掌握智能工具的应用能力，又具备用计算思维解决专业问题的创新能力。

本书采用模块化设计，形成渐进式能力培养路径。全书分为三篇。

第 1 篇为工具与技能篇：聚焦 Windows 和国产操作系统应用、WPS 智能应用、提示词工程等数字化生存技能，通过 20 余个工具软件实战案例，筑牢智能时代的基础能力。

第 2 篇为专业融合篇，聚焦 AI 赋能工学、经济与管理学、法学与公共管理、文学与艺学等八大领域，设计了 31 个跨学科实验。每个实验均包含实验目的、实验工具和实验内容与步骤等。

第 3 篇为习题巩固篇，配套人工智能七大知识模块的标准化测试体系，包含 386 道原创习题，构建形成“学—练—评”闭环。

需要特别说明的是，本书所有实验案例中涉及的素材、数据均为教学模拟设计，主要服务于原理讲解与操作实践，不可直接应用于实际生产环境。当前人工智能生成内容（AIGC）技术仍处于快速发展阶段，大模型在文本生成、代码编写等场景中可能产生包含事实性错误或逻辑漏洞的“幻觉”输出。建议在实践过程中建立人工复核机制，通过交叉验证等方式确保关键信息的准确性。

本书主要面向开设人工智能通识课程的本科院校及高职院校，适用于各专业的人工智能通识课程，可作为计算机公共基础课程的新型教材，并可供大学生创新创业训练和各行业从业人员数字化转型参考。

本书由刘防修、刘毅、成静、李慧、李医民担任主编，由韩飞担任主审，黄怀龙也参与了编写。感谢以上老师的辛苦付出。

人工智能技术的迭代速度与落地应用之间始终存在时滞效应，本书涉及的技术工具在具体实践中需结合最新行业标准进行验证。特别提醒教师在使用本书时，应引导学生建立技术应用的审辨思维：既要善用智能工具提升效率，又要保持对生成内容的人工核验意识。这是培养负责任数字化公民的重要环节。

在本书编写过程中，参考了大量文献资料，在此向这些文献资料的作者表示衷心的感谢。由于时间仓促、水平有限，书中难免存在疏漏与不足之处，望广大专家、读者提出宝贵意见和建议，以便再次修订时更正。最后，感谢所有使用本教材的高校师生，你们的反馈会让内容更具实践价值。

期待本书不仅能传递知识，更能点燃跨学科创新的火种，当智能时代来临时，使每个人都能成为技术革命的参与者而非旁观者。

编　者

2025 年 5 月

目　录

CONTENTS

第一篇
工具与技能篇

第 1 章　计算思维与计算机应用技能

1.1　操作系统应用与维护技能

1.1.1　Windows 系统安装

操作系统作为用户与计算机之间的核心桥梁，为用户提供了一个良好的交互界面。目前主流的计算机操作系统包括 Windows 操作系统、Linux 操作系统、macOS 操作系统、Android 操作系统、华为鸿蒙操作系统、银河麒麟操作系统等。接下来以市场占有率最高的 Windows 操作系统为例，介绍操作系统的安装方法。

▲操作系统概述

打开微软官网后，找到 Windows 11 系统下载页面。官方提供了 3 种下载安装模式，分别为本机安装模式、移动安装媒体安装模式及单系统镜像下载安装模式。考虑到安装的便捷性和可重复性，这里采用移动安装媒体安装模式进行安装。

在 Windows 11 系统下载页面找到“创建 Windows 11 安装媒体”，单击下方的“立即下载”按钮免费下载官方提供的移动安装媒体软件。下载完成后，运行该软件开始创建系统引导程序。

阅读微软软件许可条款后，单击“适用的声明和许可条款”对话框的“接受”按钮，进入“选择语言与版本”对话框，选择“中文（简体）”和“Windows 11”后，单击“下一步”按钮，如图 1–1 所示。

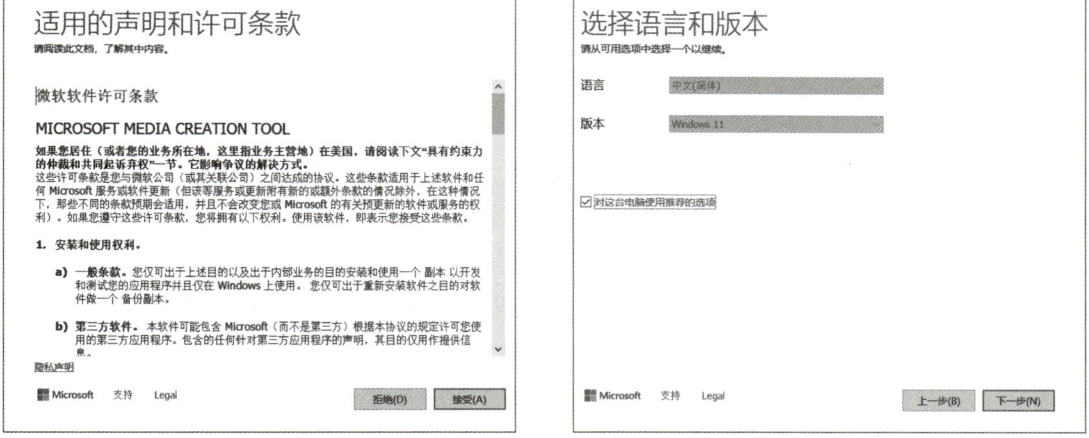

图 1–1　创建系统引导程序

此时需要将系统引导程序保存到可移动设备中，在“选择要使用的介质”对话框中选择“U 盘”作为移动设备，单击“下一步”按钮，选择要使用的 U 盘，如图 1–2 所示。U 盘的可用空间大小至少为 8 GB，因为在制作系统移动安装媒体的过程中会格式化 U 盘，若 U 盘内有重要资料请提前备份。

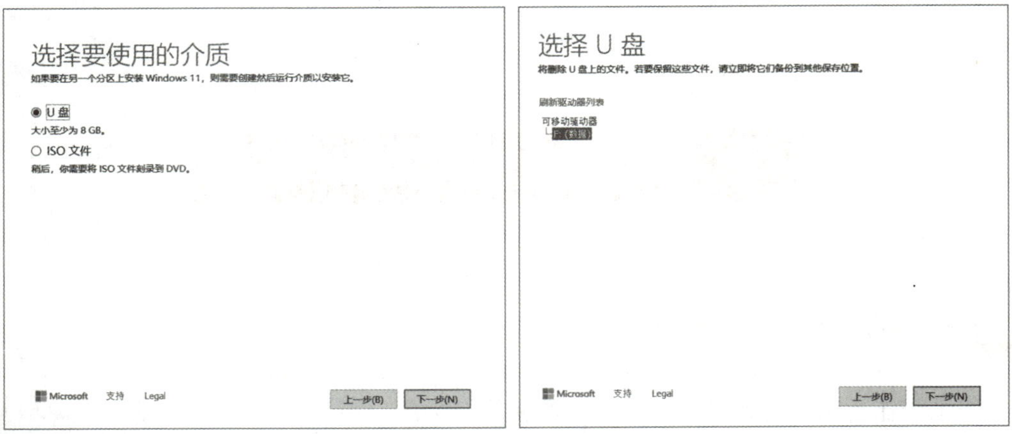

图 1–2　保存系统引导程序

保存系统引导程序后，单击“下一步”按钮，此时会进入“正在下载 Windows 11”对话框，等到下载进度达到 100% 后，系统引导程序会在 U 盘中启动并创建 Windows 11 介质，继续等待介质创建进度达到 100% 即可，如图 1–3 所示。

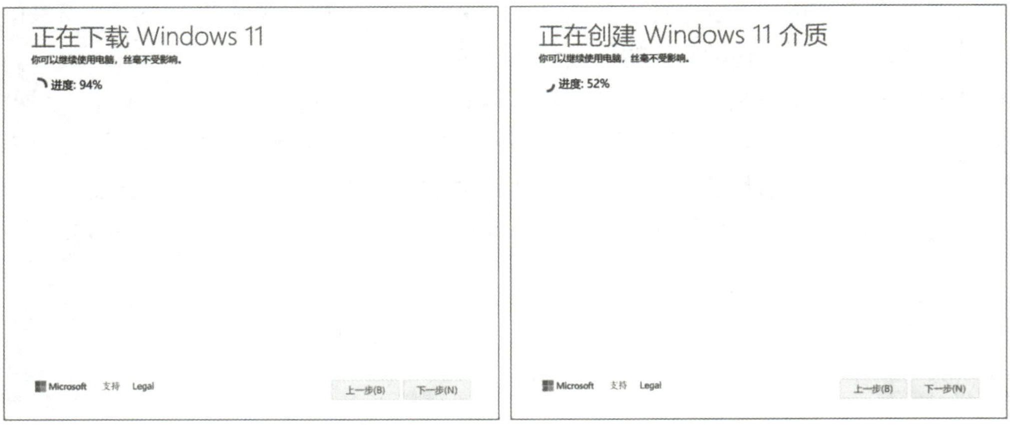

图 1–3　创建系统介质

介质创建完成后，单击“完成”按钮。此时，Windows 11 系统的移动安装媒体制作完成，如图 1–4 所示。

移动安装媒体制作完成后，就可以在其他计算机上进行操作系统安装。

将制作好的移动安装媒体（U 盘）插入需要安装操作系统的计算机，按下开机键后，针对不同计算机的配置按下不同按键进入“启动设备菜单”，具体按键可自行搜索。这里以联想计算机为例，开机后连续按下 F12 键直到进入“启动设备菜单”，设置从 U 盘启动，如图 1–5 所示。

图 1–4 移动安装媒体制作完成

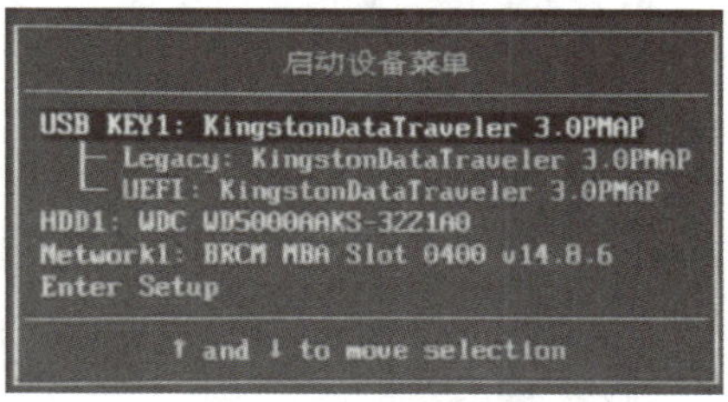

图 1–5 设置从 U 盘启动

保存设置并重启计算机后，移动安装媒体会自动引导安装，先选择语言和键盘设置，如图 1–6 所示。

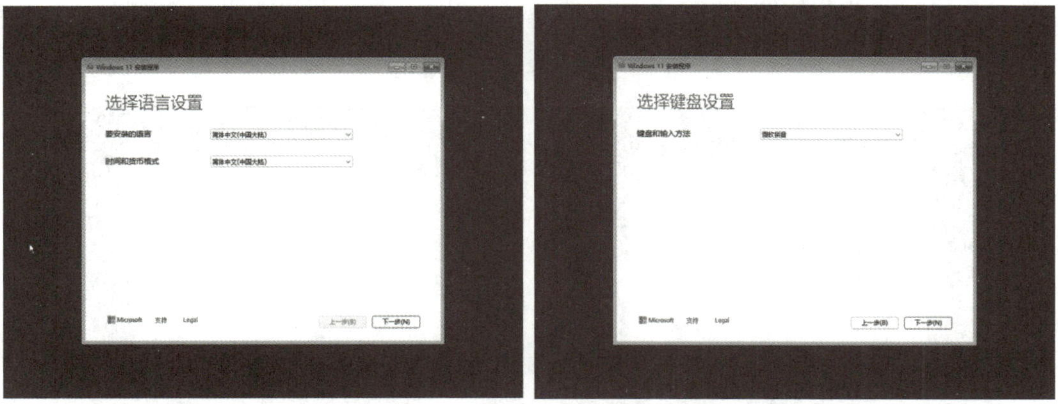

图 1–6 选择语言和键盘设置

单击“下一步”按钮进入“选择安装选项”界面，此时需要单击左下角“以前版本的安装程序”进入安装选项的选择。如图 1–7 所示。

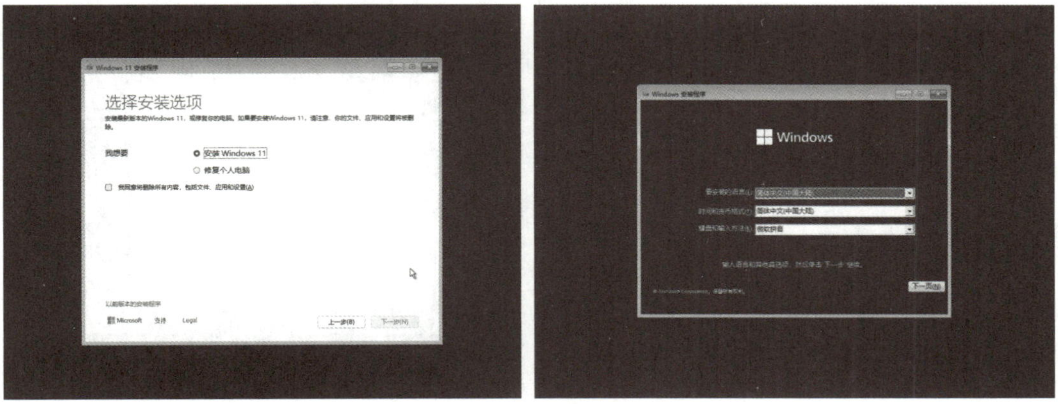

图 1–7 选择安装选项

确定相关选项后，单击“下一步”按钮进入安装界面，单击“现在安装”按钮开始操作系统安装，此时会跳转至“激活 Windows”页面，需要输入产品密钥，单击下方“我没有产品密钥”按钮优先进行操作系统安装，选择要安装的操作系统后单击“下一步”按钮，如图 1–8 所示。

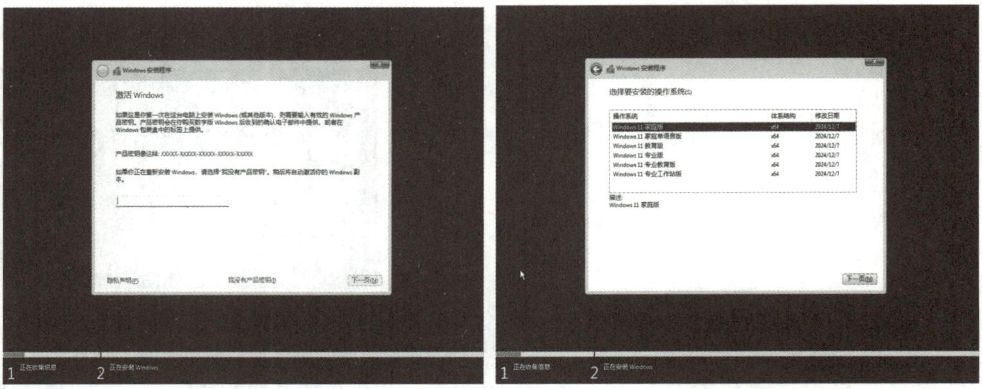

图 1–8　系统版本选择

勾选表示接受相关软件许可条款的复选框后，单击“下一步”按钮，选择自定义安装选项，如图 1–9 所示。

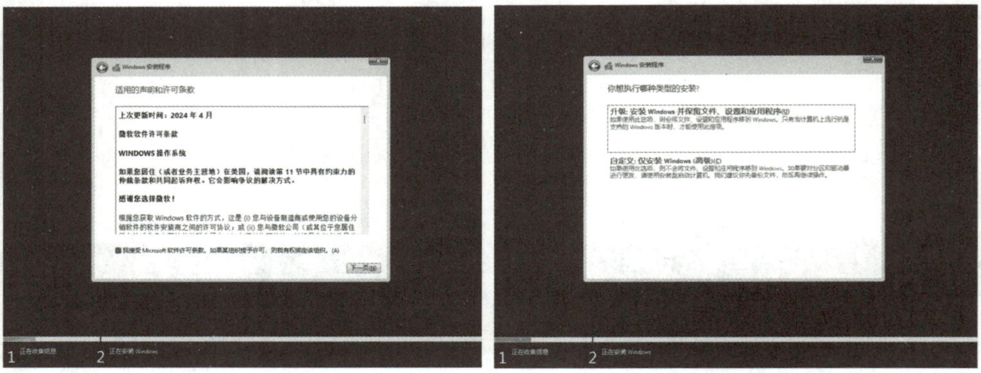

图 1–9　自定义安装

选择安装操作系统的硬盘位置后，单击“下一步”按钮进行自动化安装，如图 1–10 所示。

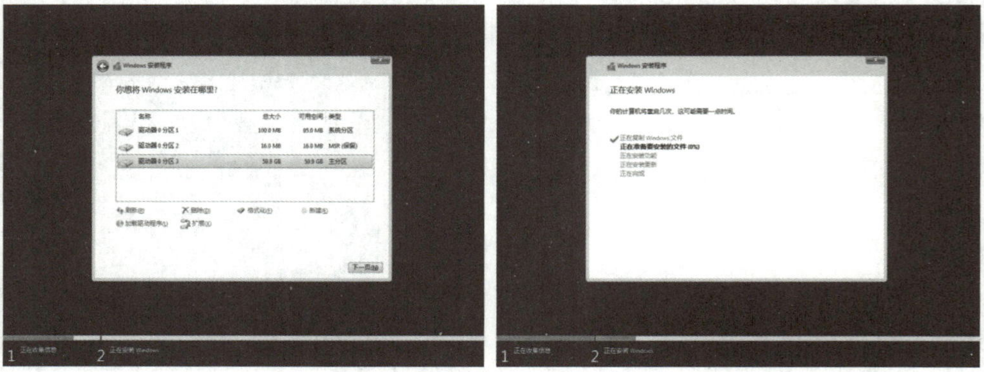

图 1–10　硬盘选择及自动化安装

安装过程中会经历几次重启，重启过程完成后会进入系统的最后配置阶段，如图 1–11 所示。

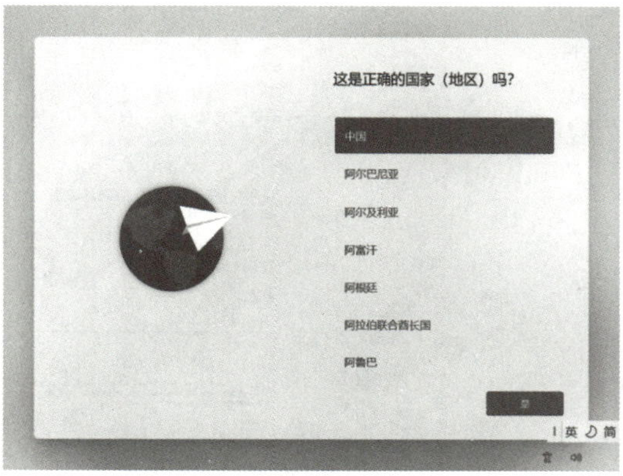

(a) 地区选择

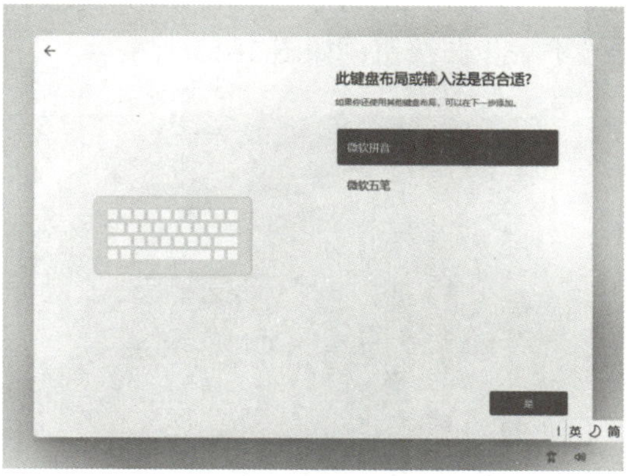

(b) 输入法选择

(c) 键盘布局

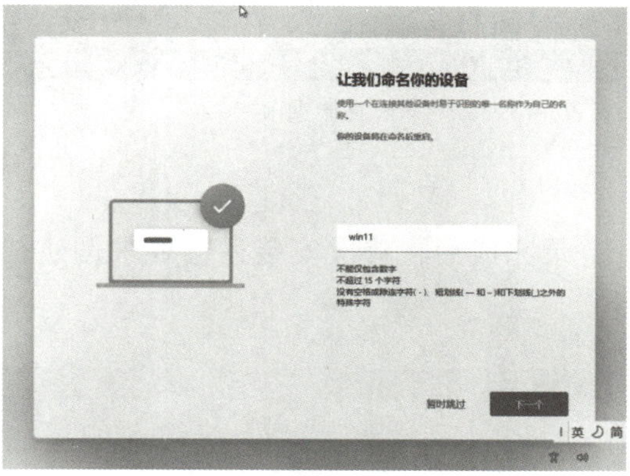

(d) 用户名命名

图 1–11　系统配置

完成系统配置后，将再次进行重启。重启后进入个人信息配置，选择“针对个人使用进行设置”即可，然后单击“下一步”按钮，系统会检测是否存在更新。如果存在更新，将自动下载更新。如图 1–12 所示。

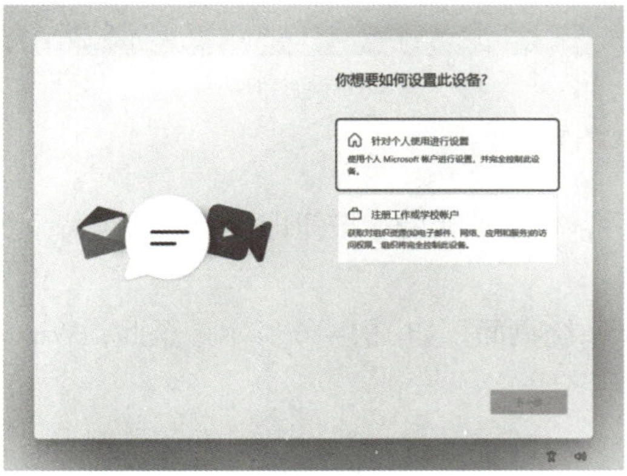

(a) 个人配置

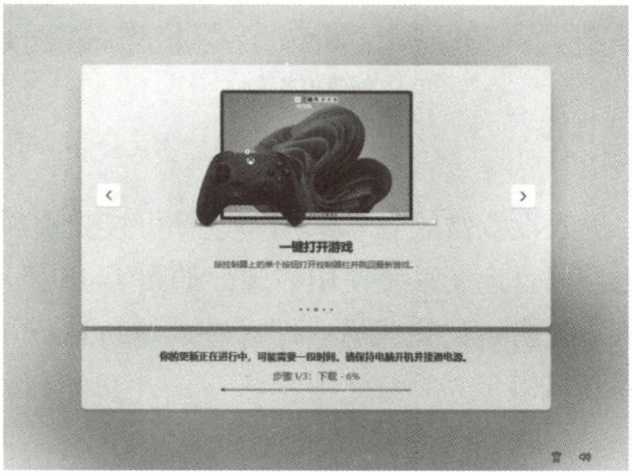

(b) 配置更新

图 1–12　个人信息配置及更新

更新完成后，计算机会再次进行重启。重启后进入最后的账户登录阶段，需要提前注册微软账户，具体注册过程可自行在网上搜索，单击“登录”按钮后输入自己的微软账户名，单击“下一步”按钮，如图 1–13 所示。

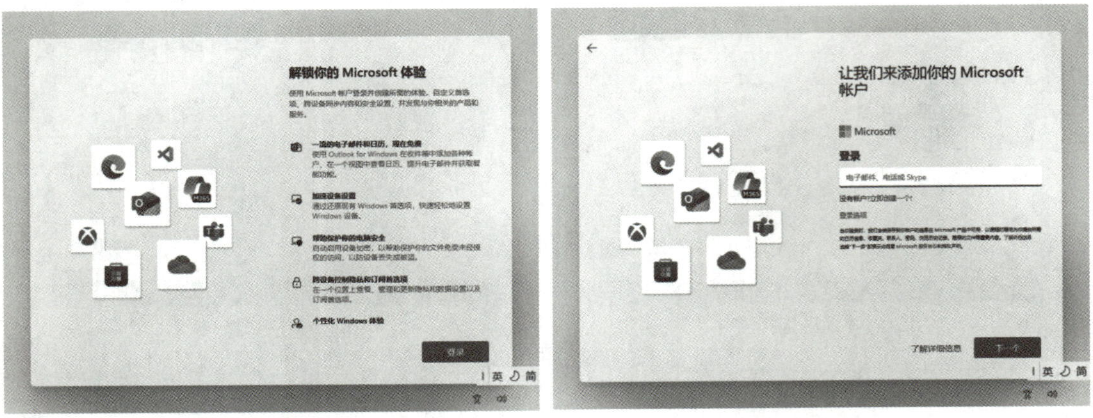

(a) 体验选项　　(b) 账户登录

图 1–13　添加微软账户

登录完成后，首次安装还会要求创建与设置 PIN，如图 1–14 所示，也可以暂时跳过设置。

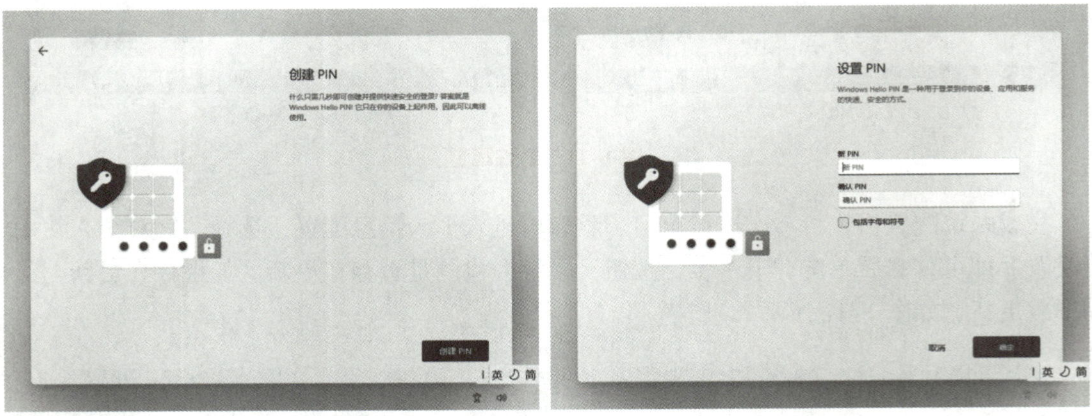

(a) 创建PIN　　(b) 设置PIN

图 1–14　创建与设置 PIN

进入设置常规隐私选项，选择可接受选项后，单击“接受”按钮即可。之后等待系统初始化，可自定义系统使用体验，如图 1–15 所示。

系统初始化完成后，即可进入 Windows 11 系统桌面，如图 1–16 所示。至此，Windows 11 系统安装完毕。

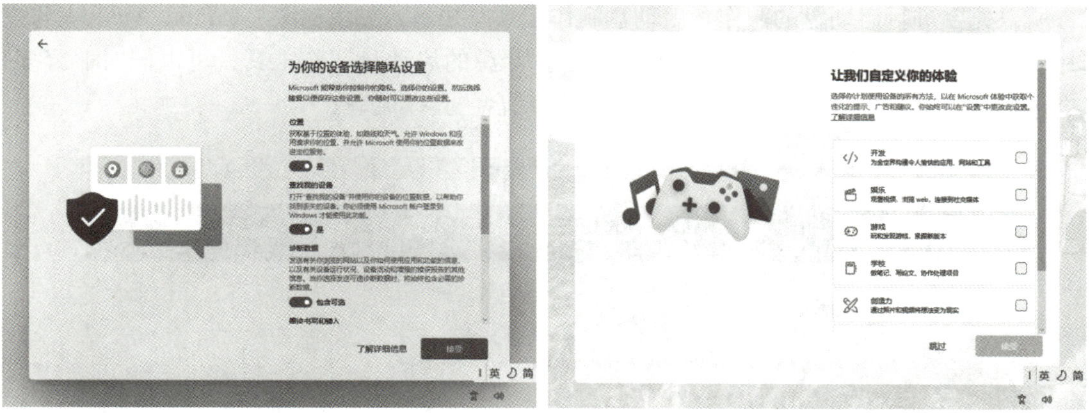

(a) 隐私设置　　(b) 自定义体验

图 1–15　隐私设置及初始化

图 1–16　Windows 11 系统桌面

1.1.2　国产操作系统安装教程

目前，主流国产操作系统有华为鸿蒙系统、银河麒麟系统等。这里以银河麒麟系统为例，介绍银河麒麟系统的完整安装教程。

▲中国操作系统历史

首先，从官网（https：//www.kylinos.cn/support/trial.html）下载银河麒麟系统镜像文件，在下载前需要填写产品试用申请，包括使用人的相关信息，如图 1–17 所示。

填写完产品试用申请后，单击“立即提交”按钮跳转至下载页面，然后根据自己主机硬件配置情况选择合适的系统镜像。这里以常用的 Intel 处理器为例，下载适用于 Intel 处理器（包括 12 代）的桌面操作系统，如图 1–18 所示。

下载完成后，得到操作系统的镜像文件，为了方便系统安装，这里采用 U 盘启动安装方式，所以先要进行启动盘的制作。启动盘制作工具有很多，如大白菜、Rufus、Ventoy。这里选用 Ventoy 进行启动盘的制作。Ventoy 是一款开源的启动盘制作工具，可以同时兼容多个镜像进行保存安装。下面介绍用 Ventoy 制作启动盘的具体流程。

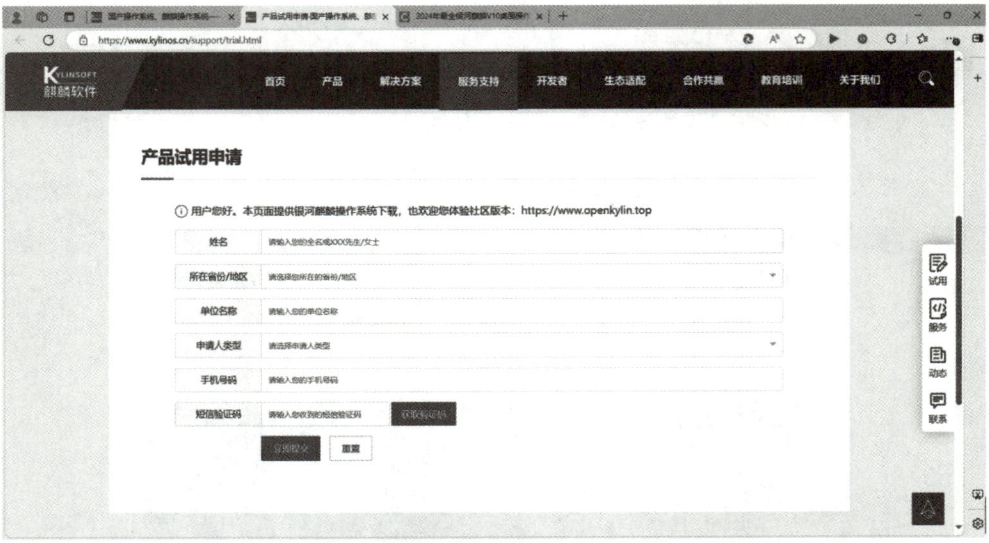

图 1–17　填写产品试用申请

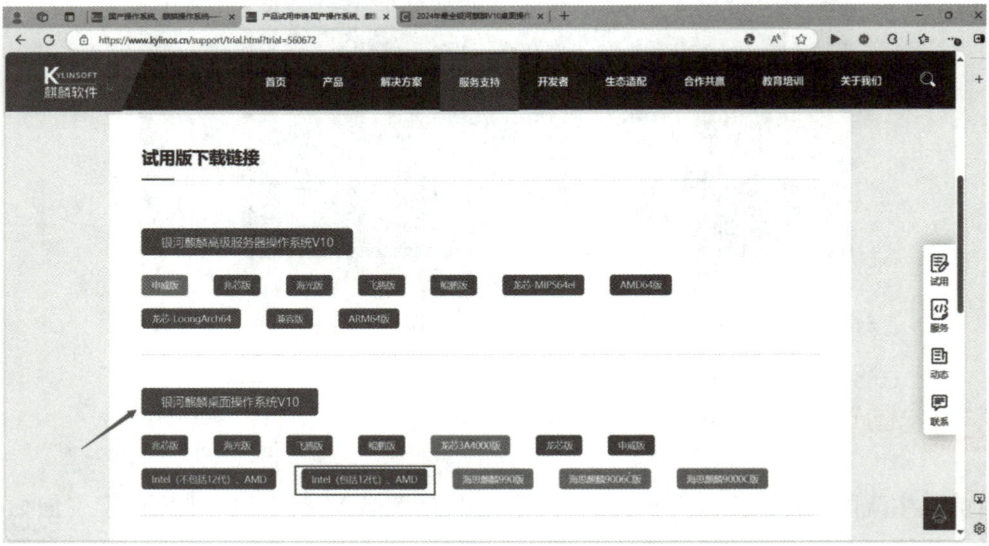

图 1–18　系统下载

从官网（https://www.ventoy.net/cn/download.html）下载 Ventoy 的压缩包，以 Windows 版本为例，单击文件下载链接后跳转至开源平台 Github 主页，如图 1–19（a）所示。在 Assets 资源列表中找到 Windows 版本文件进行下载，如图 1–19（b）所示。

下载完成后，将压缩包解压，再找到解压得到的文件夹中的 Ventoy2Disk.exe 文件，插入 U 盘后双击运行该文件，在设备列表中找到需要安装的 U 盘，单击下方“安装”按钮后，等待安装完成，如图 1–20 所示。

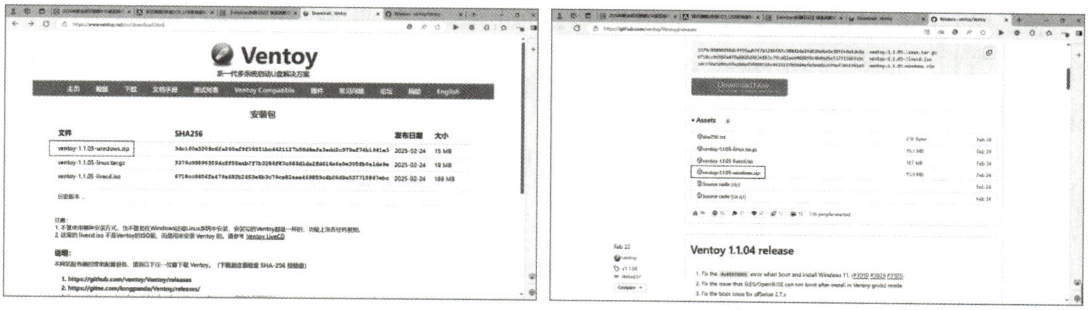

(a) 官网首页　　(b) 下载页面

图 1–19　Ventoy 下载

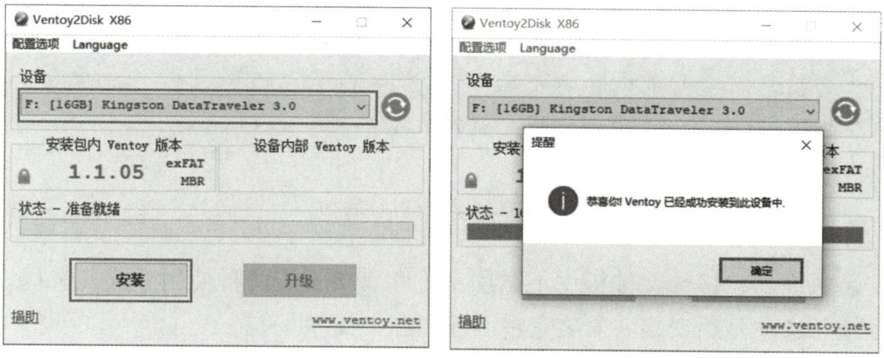

(a) U盘选择　　(b) 安装完成

图 1–20　启动盘制作

打开安装了 Ventoy 的 U 盘，将下载好的系统 ISO 镜像文件复制到 U 盘内即可，如图 1–21 所示，这时，启动盘就制作好了。

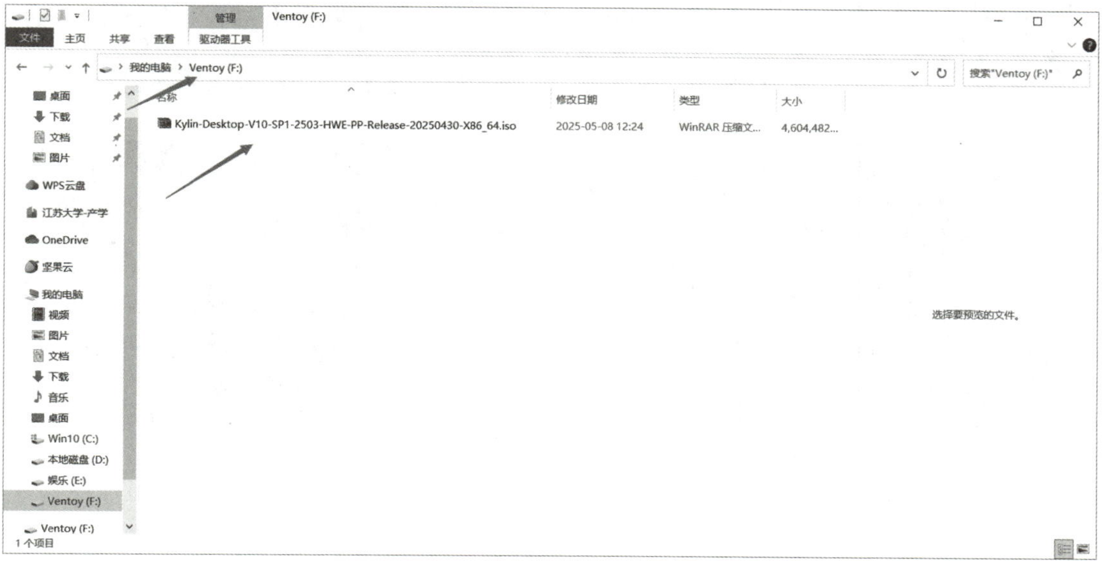

图 1–21　系统镜像保存

将制作好的启动盘插入需要安装操作系统的计算机，同前述操作一样设置成从 U 盘启动后重启计算机。重启后，出现 Ventoy 安装主界面，选择银河麒麟系统文件，安装模式选择默认即可，如图 1–22 所示。

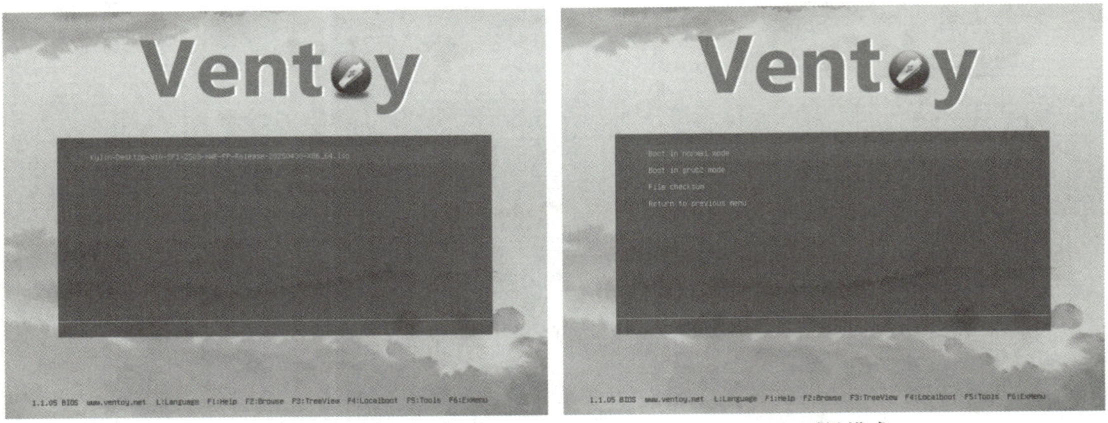

(a) 镜像选择　　(b) 引导模式

图 1–22　系统引导启动

进入安装页面后，镜像文件提供了试用系统和直接安装两种使用方式，选择“安装银河麒麟操作系统”选项开始安装。安装完整流程如图 1–23 所示。

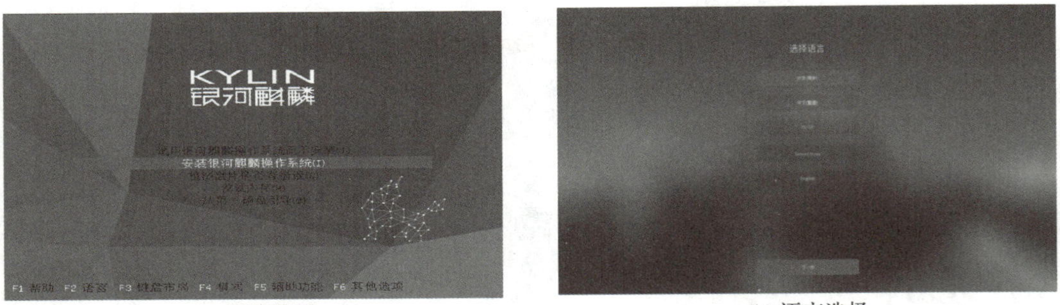

(a) 安装首页　　(b) 语言选择

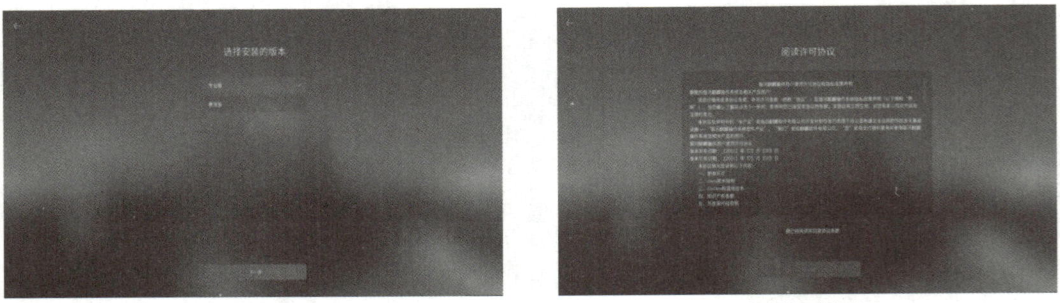

(c) 版本选择　　(d) 许可协议

图 1–23　系统完整安装流程

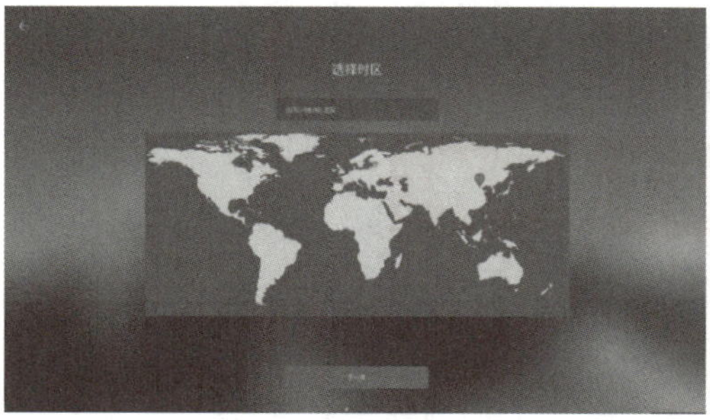

(e) 时区选择

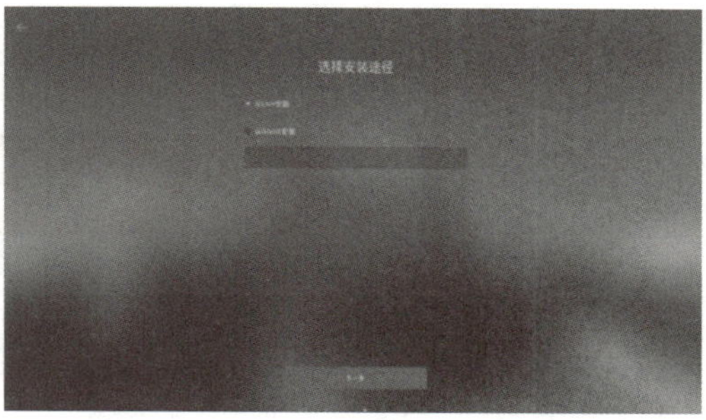

(f) 途径选择

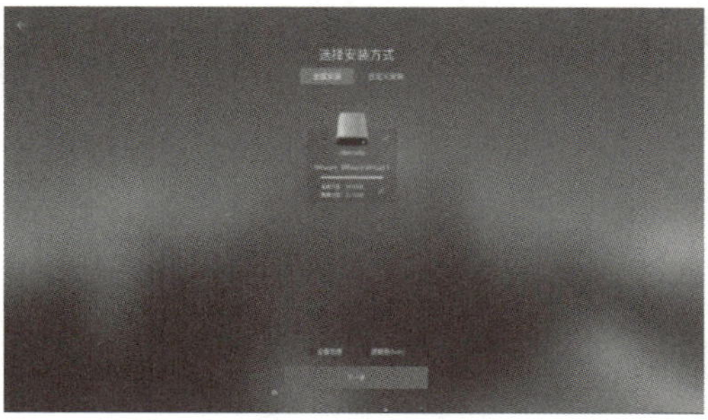

(g) 安装方式选择

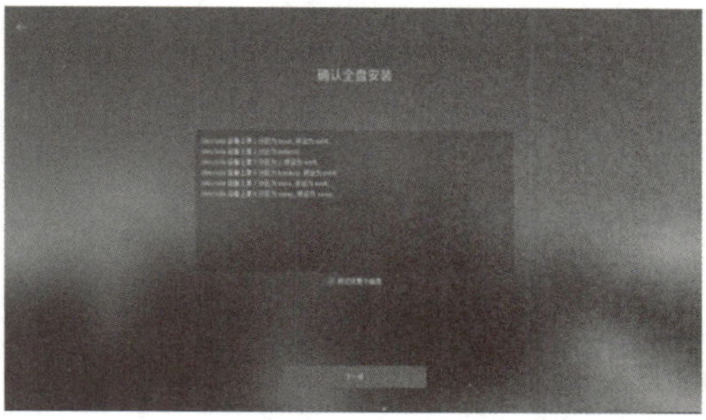

(h) 全盘安装

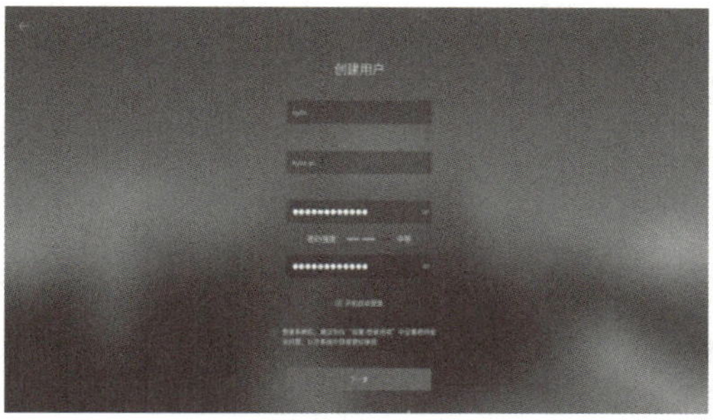

(i) 创建用户

(j) 安装进度

图 1–23　系统完整安装流程（续）

安装完成后，自动进入银河麒麟系统桌面，如图 1–24 所示。

图 1–24　银河麒麟系统桌面

1.2 操作系统工具软件

1.2.1 系统工具

操作系统中存在一些自带工具用于优化系统和方便用户使用，即系统工具。下面以 Windows 操作系统为例，介绍一些常用的系统工具。

1. 远程桌面连接

远程桌面连接是 Windows 系统提供的用于在局域网下控制其他计算机的工具。用户不必下载其他第三方软件即可远程控制其他计算机。下面将介绍 Windows 10 系统中进行远程桌面连接的具体操作。

首先找到需要控制的计算机，在桌面上找到“我的电脑”图标。如果没有该图标，在桌面右击，选择“个性化”，切换到“主题”设置窗口，在右侧单击“桌面图标设置”，打开“桌面图标设置”对话框，勾选“计算机”复选框即可，如图 1–25 所示。

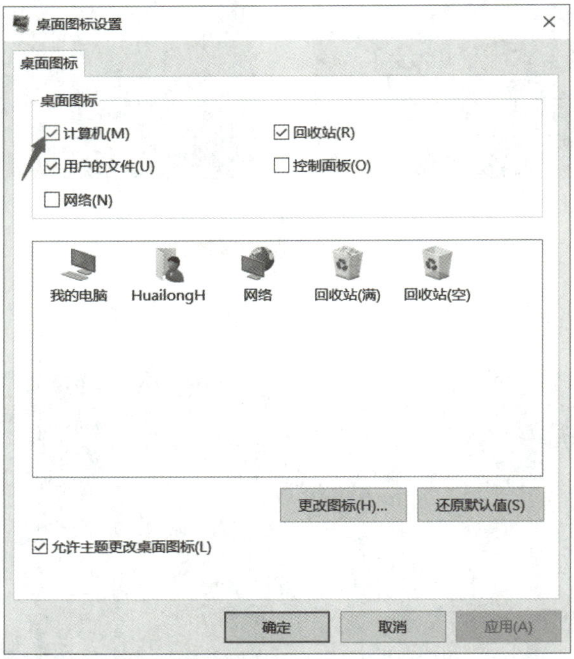

图 1–25 “桌面图标设置”对话框

在桌面上右击“我的电脑”图标，选择“属性”，在打开的窗口左侧单击“关于”，在相关设置中单击“高级系统设置”，打开“系统属性”对话框，在“远程”选项卡中勾选“允许远程协助连接这台计算机”复选框，如图 1–26 所示。

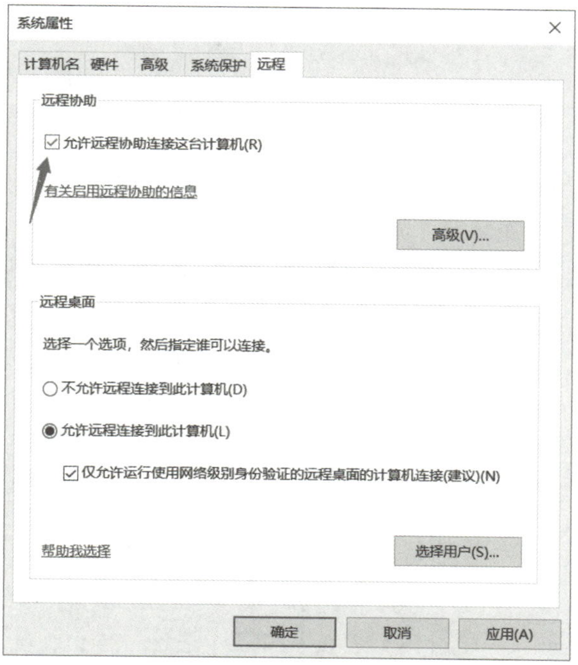

图 1-26　远程协助设置

设置允许远程连接后，还需要查询被控计算机的 IP。按下被控计算机的 Win+R 组合键打开“运行”对话框，输入“cmd”，单击“确定”按钮，打开“命令提示符”窗口，在“命令提示符”窗口输入 ipconfig 后按 Enter 键，进行 IP 查询，如图 1–27 所示。

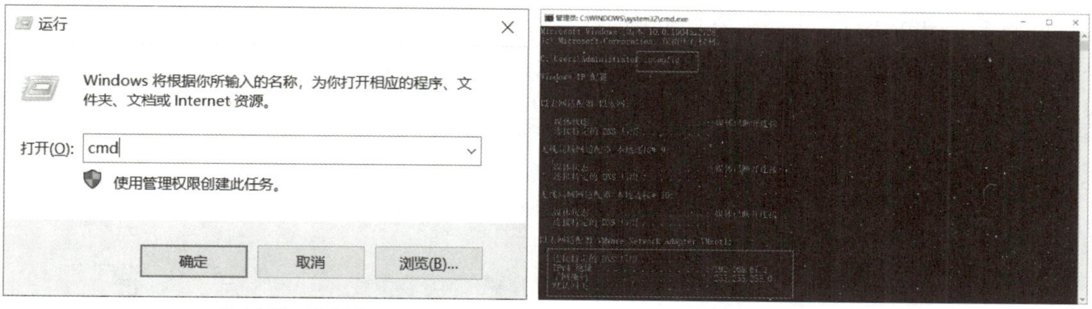

(a) “运行”对话框　　(b) “命令提示符”窗口

图 1–27　被控计算机 IP 查询

接下来就可以在别的计算机上对被控计算机进行远程控制了。在需要使用的计算机上打开“开始”菜单，单击“Windows 附件”下的“远程桌面连接”，在“远程桌面连接”对话框中输入被控计算机的 IP，首次输入被控计算机的 IP 时需要输入用户名和密码，如图 1–28 所示，输入完成后单击“确定”按钮即可远程连接计算机。

2. 磁盘清理工具

系统使用一段时间之后，会产生一些缓存文件和垃圾文件。这些文件会占用磁盘的存储空间。当可用存储空间的容量过低时，系统运行会卡顿，此时就需要清理这些文件。下面将介绍 Windows 10 系统下磁盘清理的具体操作。

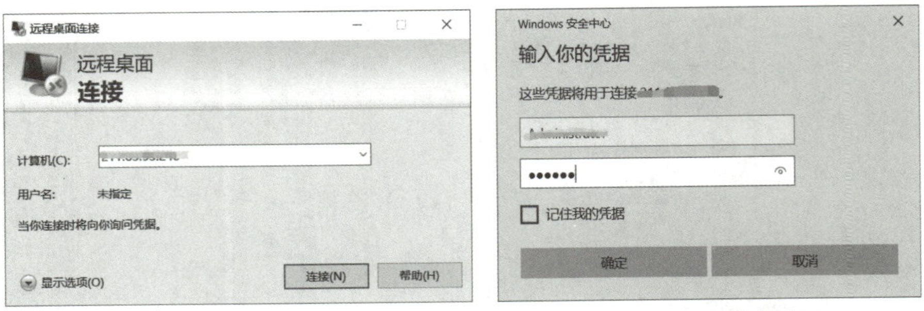

(a) 被控IP设置　　　　(b) 被控用户信息设置

图 1–28　远程桌面连接

打开控制面板，在右上角将查看方式改为“小图标”，单击“管理工具”，在管理工具列表中双击“磁盘清理”，如图 1–29 所示。

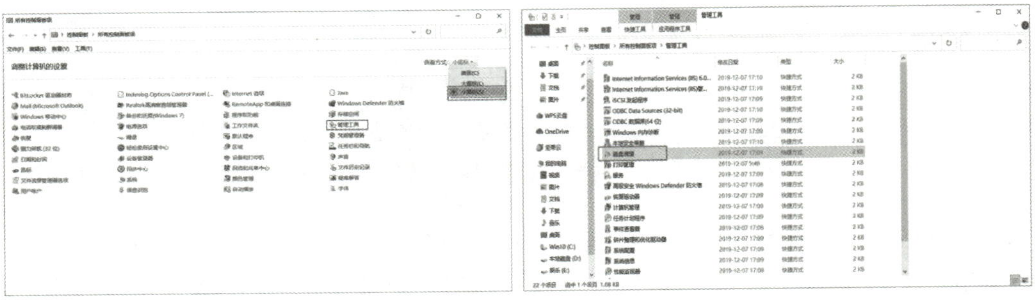

图 1–29　打开磁盘清理工具

在驱动器目录中选择需要清理的磁盘，经过一段时间扫描后，工具会列出一些垃圾文件，勾选需要清理的垃圾文件，如图 1–30 所示，单击“确定”按钮可进行清理。

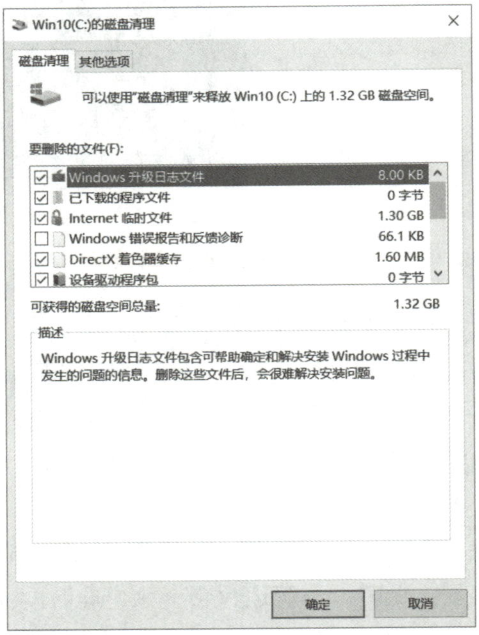

图 1–30　磁盘清理

3. 磁盘管理工具

为了合理有序地存储计算机中的文件，可以对磁盘进行合理分区，如分成软件、娱乐、办公等多个存储分区。下面将介绍 Windows 10 系统下磁盘分区的具体操作。

在桌面右击“我的电脑”图标，选择“管理”，打开“计算机管理”窗口，如图 1–31 所示。

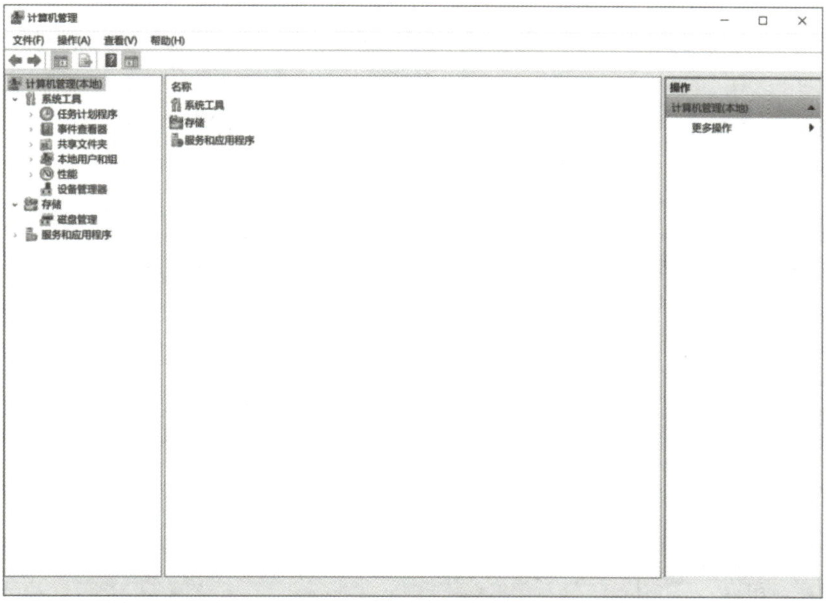

图 1–31 “计算机管理”窗口

在左侧列表中单击“存储”→“磁盘管理”，在右侧会出现计算机当前安装的硬盘，如图 1–32 所示。

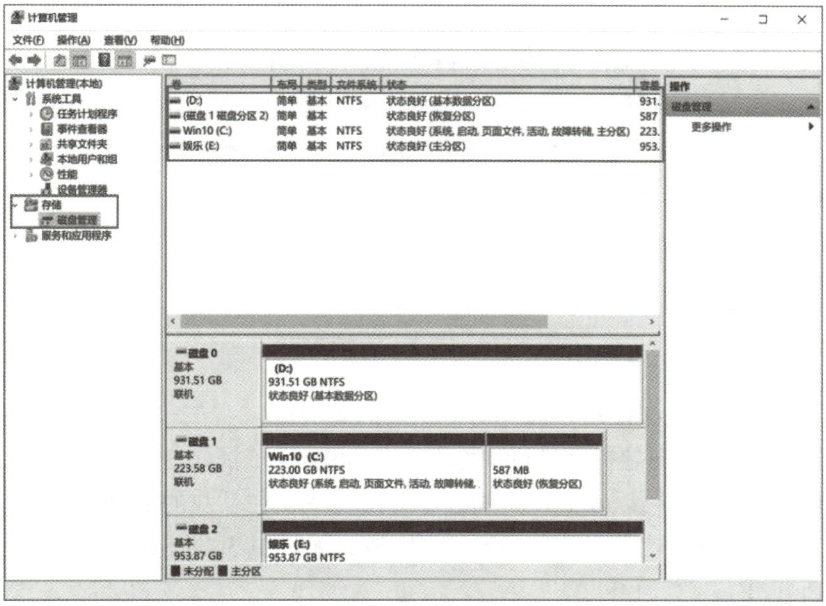

图 1–32 磁盘管理

在下方找到需要进行分区的磁盘，以磁盘 2 为例，假设需要划分 100 GB 空间作为单独存储空间。右击磁盘 2，选择“压缩卷”，出现划分空间容量的对话框。默认划分空间为当前磁盘剩余全部空间，将其修改为需要的空间容量后单击“压缩”按钮，如图 1–33 所示。

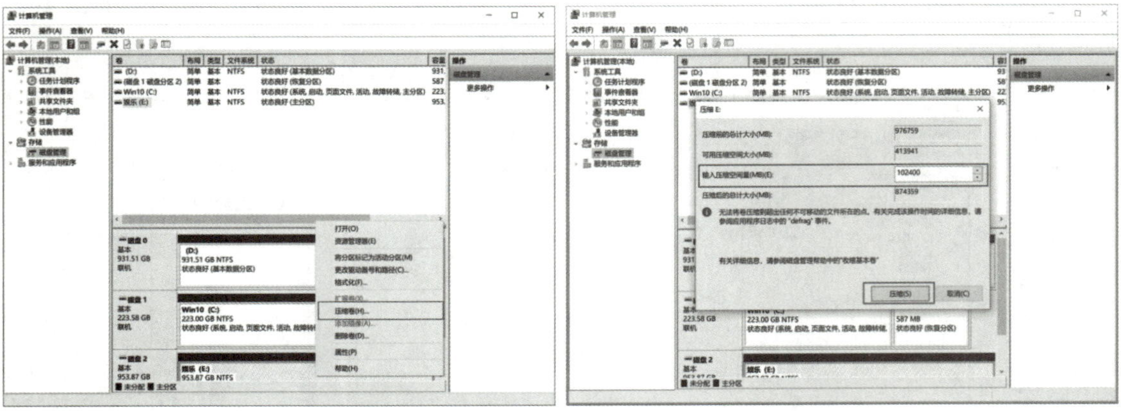

图 1–33 磁盘压缩

压缩完成后，会发现磁盘空间出现了一个显示“未分配”的存储空间，空间容量为设置的压缩容量，如图 1–34 所示。

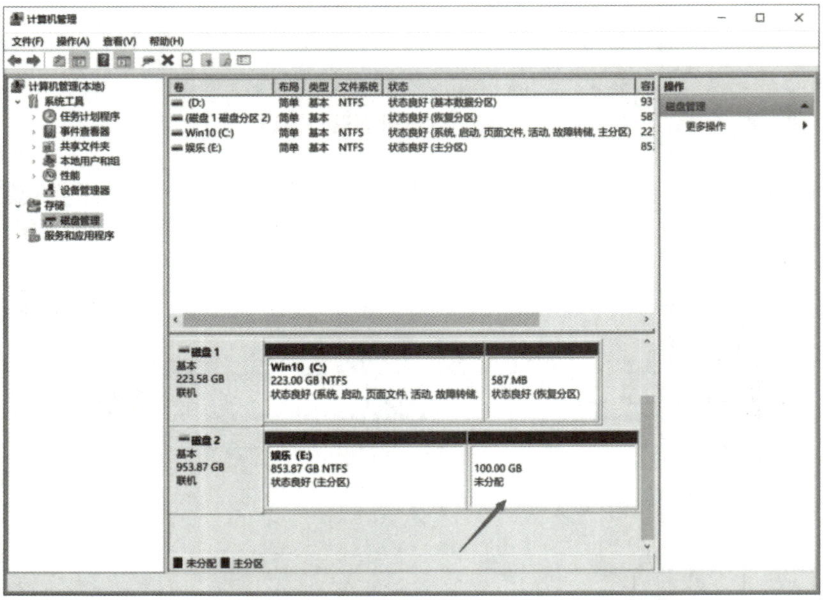

图 1–34 未分配的存储空间

此时该存储空间还无法使用，需要对该空间进行分配。右击“未分配”，选择“新建简单卷”，根据新建简单卷向导提示进行操作即可，如图 1–35 所示。

新建简单卷完成后，可以发现该空间已经分配完成，在“我的电脑”详情中也可以看到出现了新的磁盘空间，这就表明磁盘分区已经完成，如图 1–36 所示。

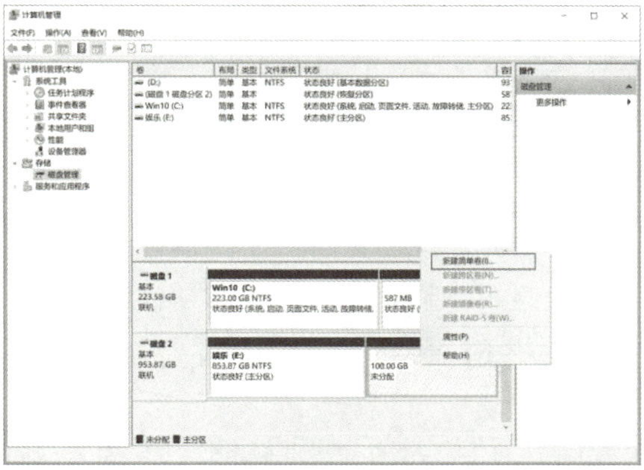

(a) 新建简单卷

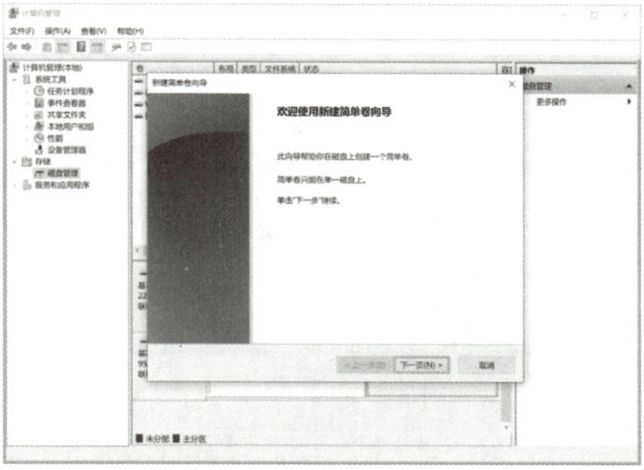

(b) 新建简单卷向导

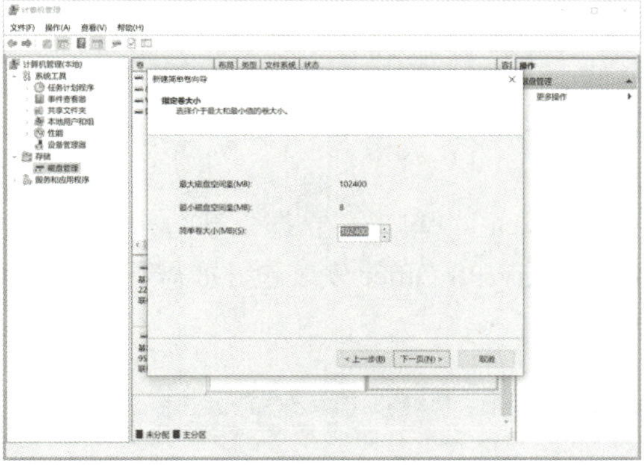

(c) 指定卷大小

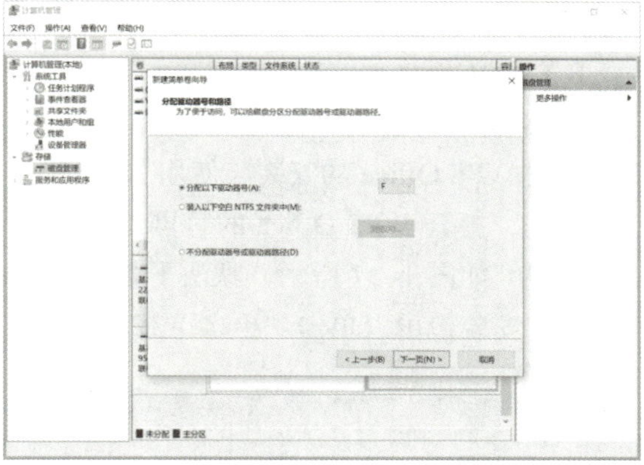

(d) 分配驱动器号和路径

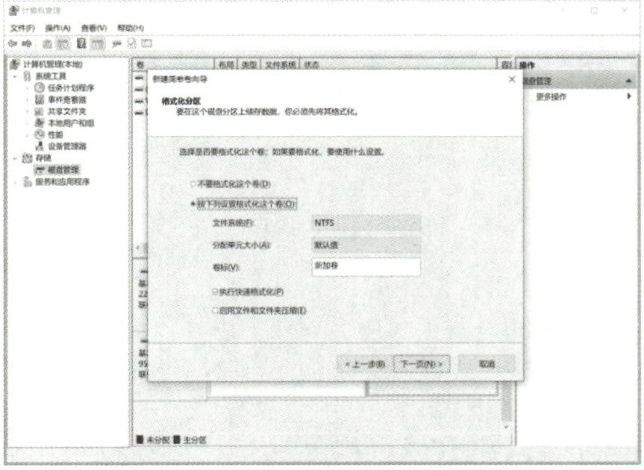

(e) 格式化分区

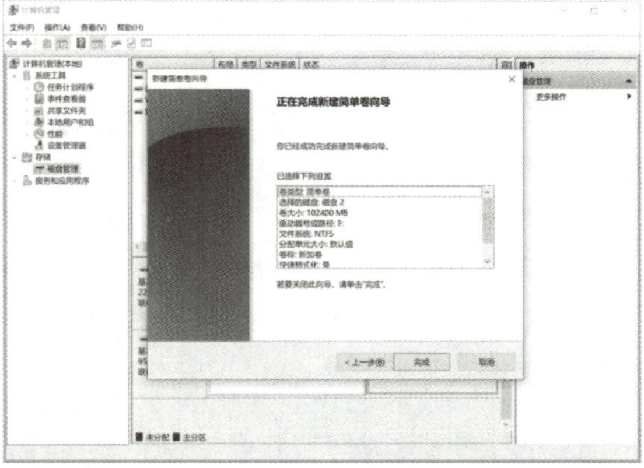

(f) 新建简单卷完成

图 1–35　新建简单卷完整流程

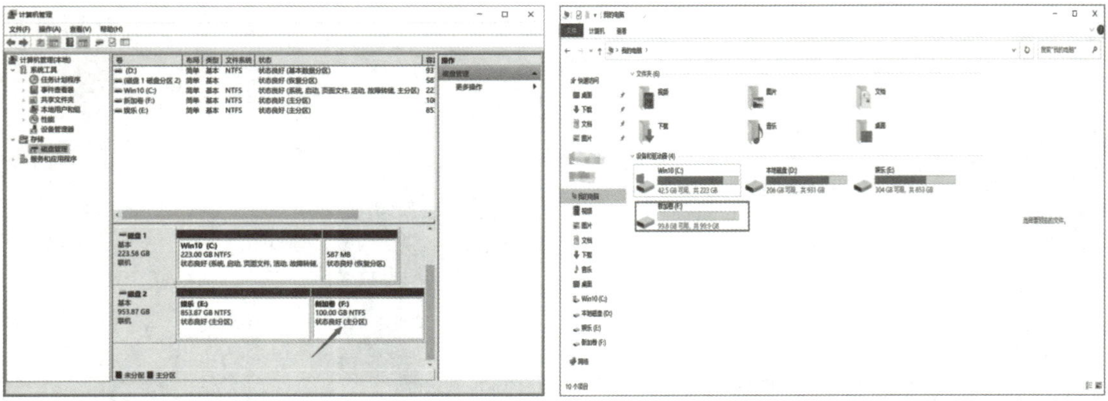

图 1–36　磁盘分区完成

1.2.2　办公与多媒体工具

1. WPS Office

WPS Office 是一款常用的日常办公软件，集成了文字、表格、演示等多种功能模块。下面将介绍 WPS Office 的安装与使用。

首先，打开 WPS Office 的官网（https://www.wps.cn），单击“立即下载”按钮开始下载安装包，如图 1–37 所示。默认下载的是 Windows 版 WPS Office 安装包，如需下载其他系统版本的安装包可以单击“更多下载”进行选择。

图 1–37　WPS Office 官网

下载完成后，运行安装程序进入安装界面。默认安装路径为 C 盘，若需要更改安装路径，可以单击右下角的“自定义设置”按钮进行更改，确认相关设置后，单击“立即安装”按钮开始安装，如图 1–38 所示。

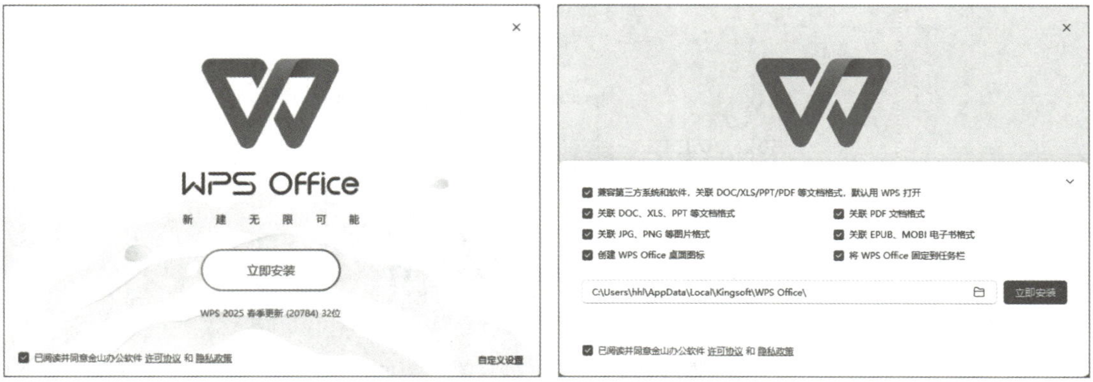

图 1-38　自定义安装设置

安装完成后，会在桌面生成 WPS Office 的软件图标。双击软件图标，进入 WPS Office 的首页界面，单击左上角的“新建”按钮，找到需要新建的文档类型后，单击所需文档类型即可新建文档。如图 1-39 所示。

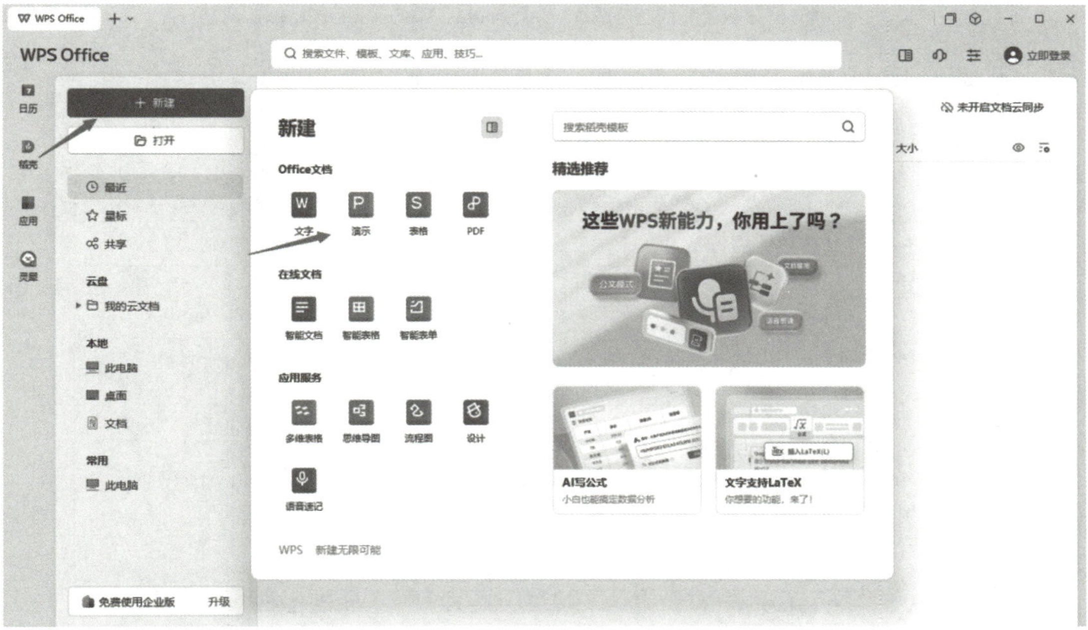

图 1-39　WPS Office 新建文档

2. PotPlayer 播放器

PotPlayer 是一款免费的多媒体播放器，支持大多数格式视频的播放，如 MP4、AVI 等格式的视频。下面将介绍 PotPlayer 的安装与使用教程。

从官网（https://potplayer.app/?lang=zh_CN）下载 PotPlayer 的安装包，如图 1-40 所示。官网提供了 32 位和 64 位版本的安装包，可根据系统版本进行下载。默认下载 64 位版本的安装包。

下载完成后，运行安装程序进入安装向导界面，单击“下一步”按钮开始安装，完整安装流程如图 1-41 所示。

图 1-40　PotPlayer 官网

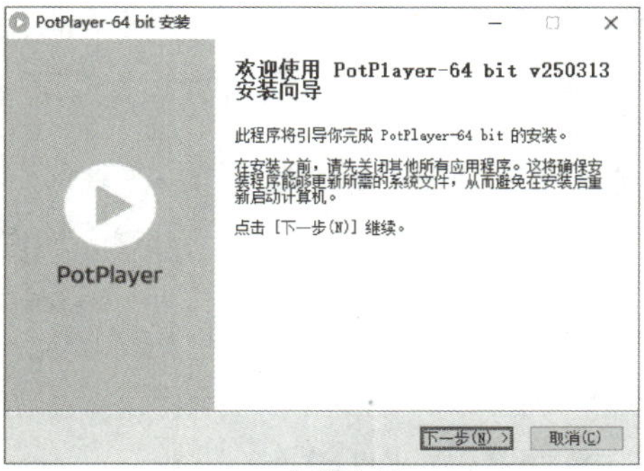

(a) 安装向导

(b) 许可证协议

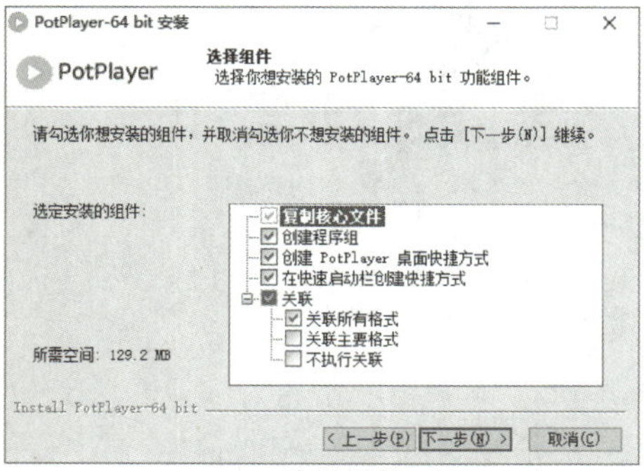

(c) 选择组件

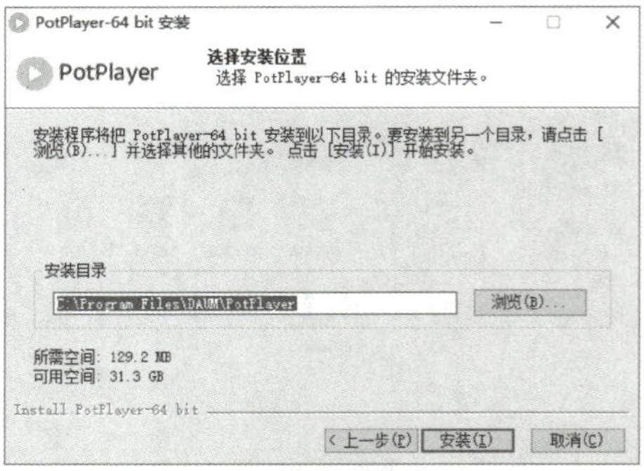

(d) 选择安装位置

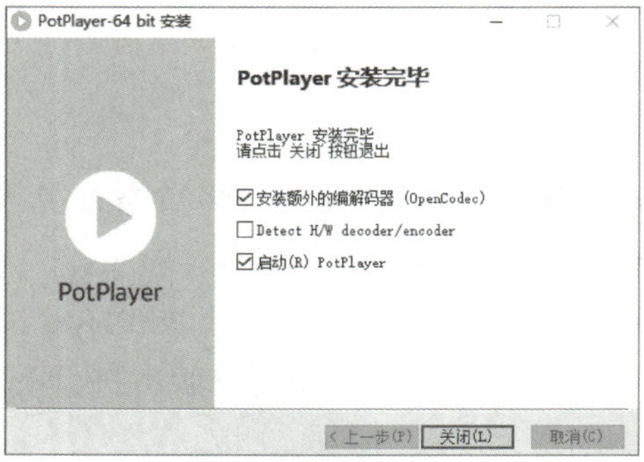

(e) 安装完毕

图 1-41　PotPlayer 完整安装流程

安装完成后，会在桌面生成 PotPlayer 的软件图标。双击软件图标，进入 PotPlayer 的首页，如图 1–42 所示。

图 1–42　PotPlayer 主界面

1.2.3　安全维护工具

在使用电脑的过程中，可能会出现一些非硬件问题，这可以通过安全维护工具自行解决。下面将介绍一些常见的安全维护工具。

1. 火绒安全

火绒安全是一款免费的杀毒软件，集成了病毒查杀、垃圾清理、权限控制等多种功能。下面将介绍火绒安全的安装与使用。

首先，从官网（https：//www.huorong.cn）下载火绒安全的安装包，单击“个人下载”按钮进行下载，如图 1–43 所示。

图 1–43　火绒安全官网

下载完成后，运行安装程序进入安装界面，选择安装目录后，单击“极速安装”按钮开始安装，如图 1–44 所示。

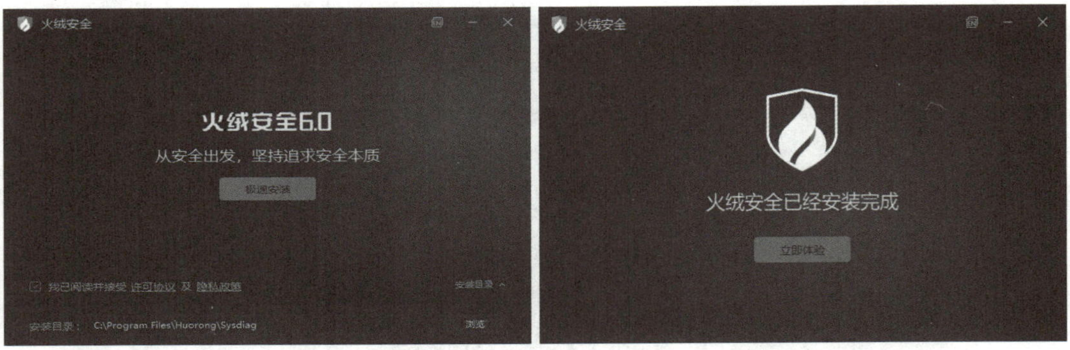

图 1–44　火绒安全安装流程

安装完成后，会在桌面生成火绒安全的软件图标。双击软件图标，进入火绒安全的主界面。主界面为病毒查杀功能界面，在左侧列表还包括了防护中心、访问控制和安全工具等功能，如图 1–45 所示。其他功能的使用方法可根据需要自行探索。

(a) 火绒安全主界面

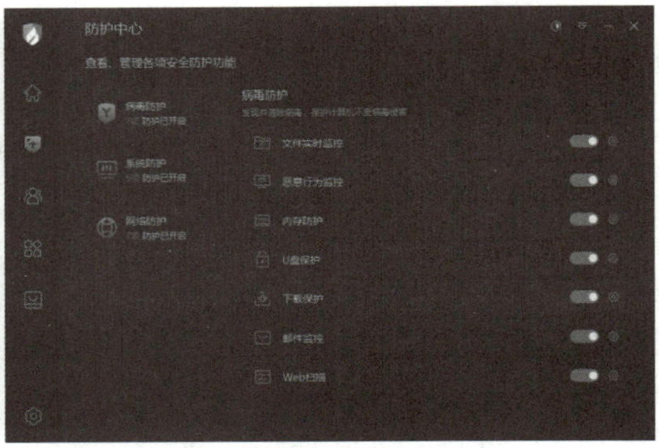

(b) 防护中心

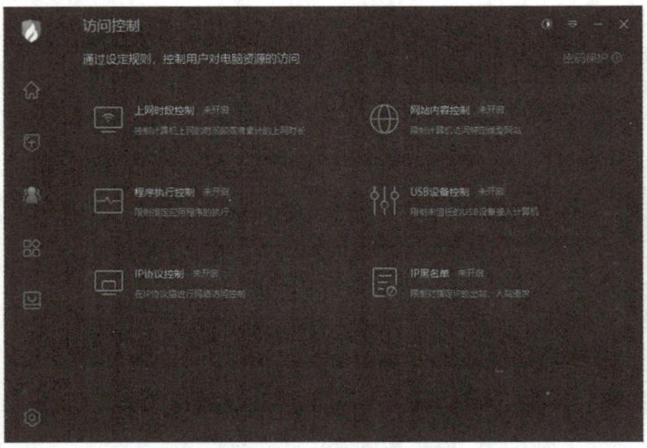

(c) 访问控制

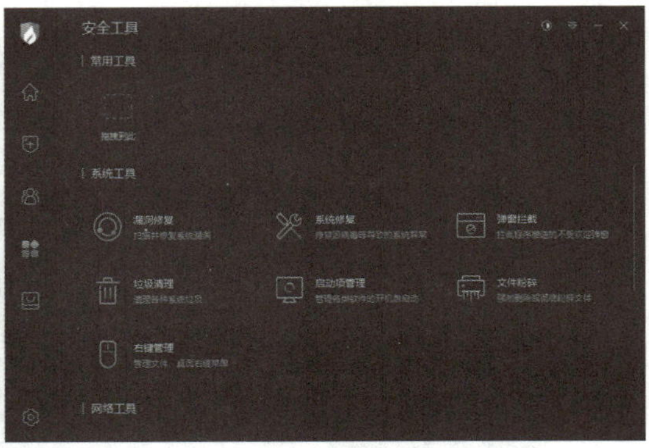

(d) 安全工具

图 1–45　火绒安全界面

2. 驱动总裁

驱动总裁是一款主流的系统驱动安装软件。当新装硬件或系统本身存在漏洞时，计算机会出现硬件无法运行的情况，其中大部分是计算机硬件缺乏驱动导致的。驱动总裁可以下载大部分硬件的驱动程序，下面将介绍驱动总裁的安装与使用。

从官网（https://www.sysceo.com/dc.html）下载驱动总裁的安装包。以“OL 在线版”为例，单击“OL 在线版”按钮，跳转至下载页面后，在下载页面单击“立即下载”按钮，跳转至底部，单击“普通下载”按钮进行下载，如图 1–46 所示。

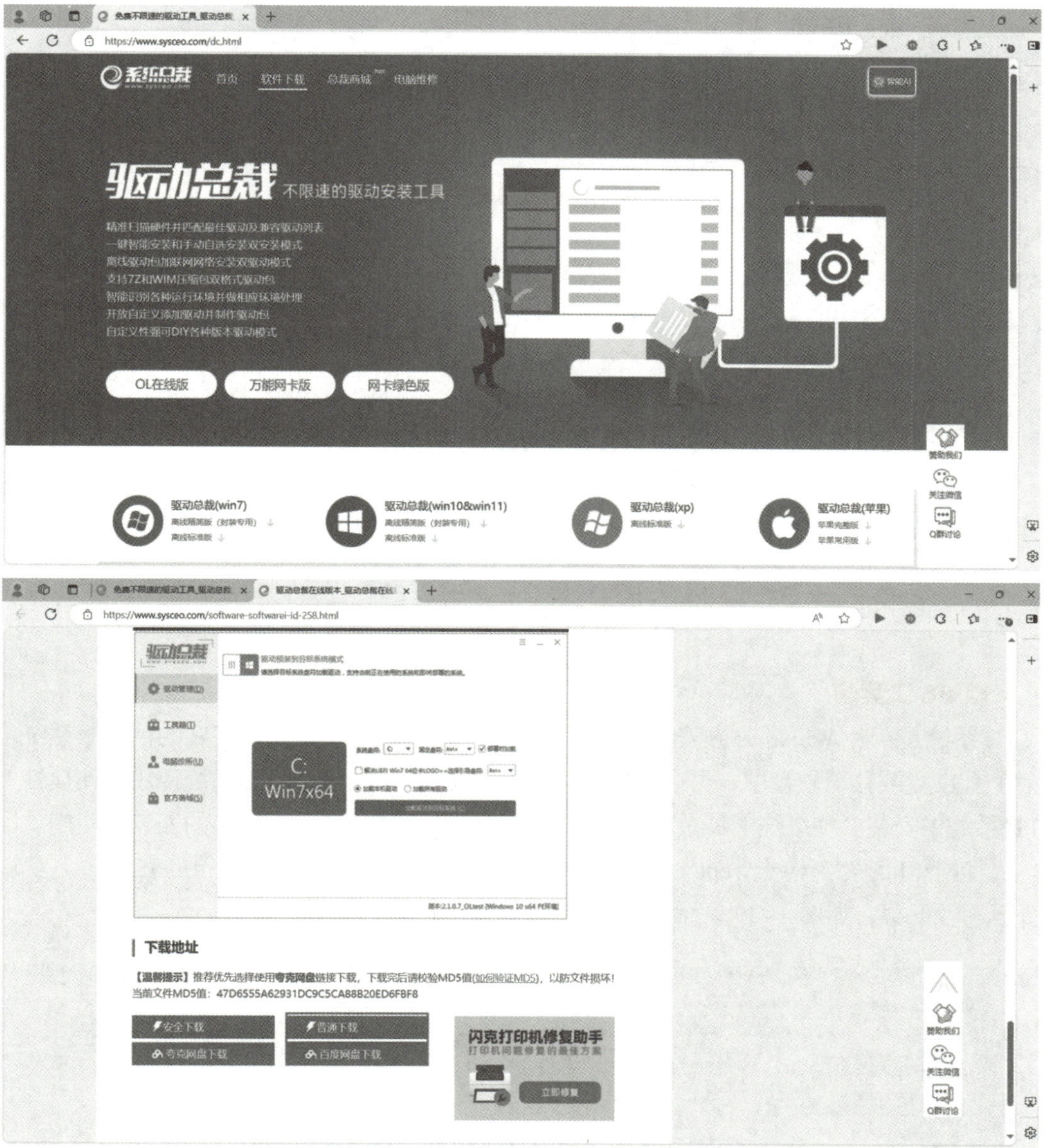

图 1–46　驱动总裁下载

下载完成后，运行安装程序进入安装界面，选择安装路径后，单击“开始安装”按钮开始安装，如图 1–47 所示。

安装完成后，桌面上会生成驱动总裁的软件图标。双击图标运行软件，进入驱动总裁的主界面。单击“立即检测”按钮，软件会检测驱动存在问题的设备。检测完毕后，选择有问题的设备名称，再单击“一键安装”按钮即可，如图 1–48 所示。

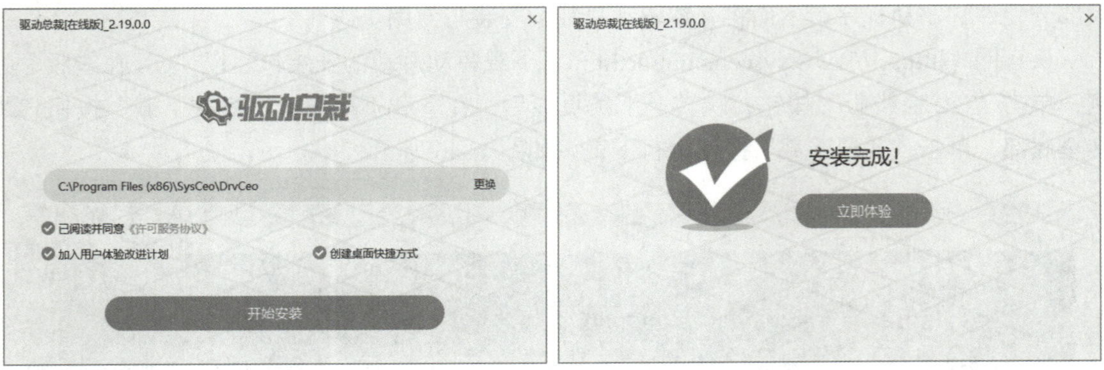

图 1–47　驱动总裁安装流程

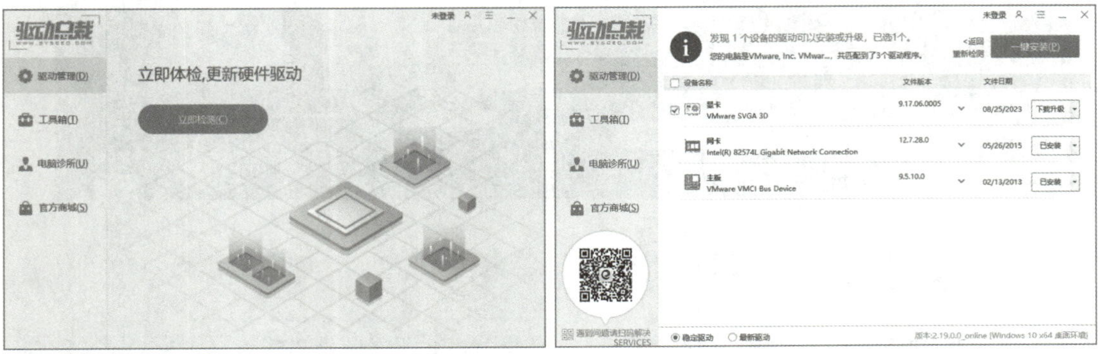

图 1–48　驱动检测

3. 微 PE 工具箱

PE 系统是一种 Windows 预安装系统，简单来说，就是一个预先安装好的精简版系统。一般保存于 U 盘或移动硬盘中，可以在任意计算机上使用。为了提高 PE 系统使用的便捷性，可在 PE 系统中安装一些系统工具做成 PE 工具箱，下面将介绍微 PE 工具箱的安装与使用。

从官网（https://www.wepe.com.cn/download.html）下载微 PE 工具箱的安装包。默认选择新版进行下载，如图 1–49 所示。

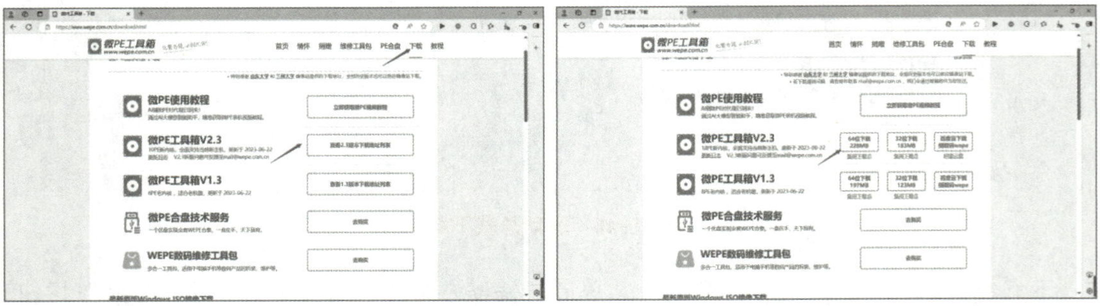

图 1–49　微 PE 工具箱下载

下载完成后，运行安装程序进入安装界面。微 PE 工具箱提供了多种安装方式，考虑到使用便捷性，这里选择 U 盘作为安装介质，插入要作为安装介质的 U 盘，单击“安装 PE 到 U 盘”按钮，再单击“立即安装 PE 到 U 盘”按钮开始安装，如图 1–50 所示。

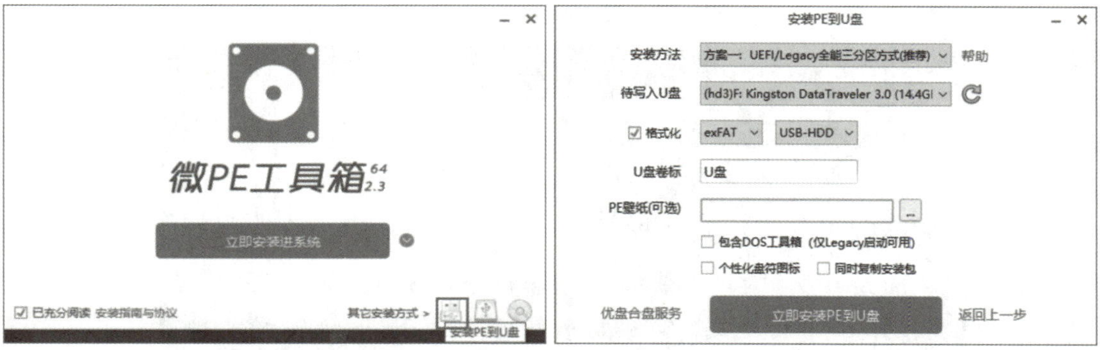

图 1–50　安装 PE 到 U 盘

安装完成后，在需要使用微 PE 工具箱的计算机上设置从 U 盘启动。进入 PE 系统后，可以看到许多系统工具，包括备份还原工具、分区工具、密码修改工具等。以密码修改工具为例，当用户忘记系统登录密码后，可以通过该工具进行密码修改。双击密码修改工具图标启动工具，单击“打开”按钮搜索系统用户，单击左侧需要修改密码的用户，输入新密码并确认密码，如图 1–51 所示，单击“确认”按钮后重启计算机即可。

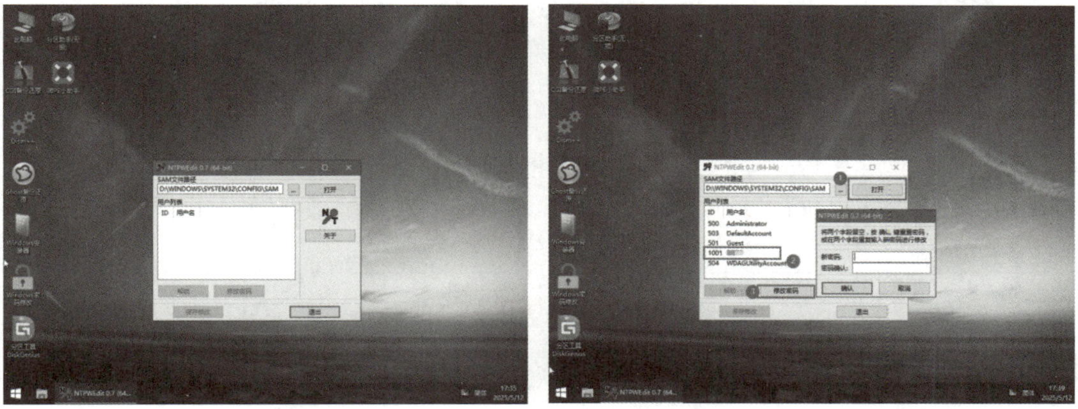

图 1–51　密码修改

1.2.4　数据恢复工具

在使用计算机的过程中，硬盘或 U 盘等存储介质可能会由于一些原因，发生数据丢失的问题。为了防止数据丢失，需要对硬盘或 U 盘进行数据恢复。一般而言在出现问题后，若没有经过重复读写操作，数据资料的物理痕迹依然会停留在存储介质中。此时，数据恢复的方法有很多种。

DiskGenius 是一款专业的数据恢复软件。对于大部分逻辑故障（如误删除、格式化、系统崩溃等）导致的数据丢失问题，DiskGenius 都可以进行数据恢复。下面将介绍 DiskGenius 的安装教程。

从官网（https://www.diskgenius.cn）下载 DiskGenius 的安装包，单击“免费下载”按钮进行下载，如图 1–52 所示。

图 1–52　DiskGenius 官网

下载完成后，将安装压缩包进行解压，解压完成找到文件夹中的 DiskGenius.exe 文件，双击启动程序进入 DiskGenius 主界面，如图 1–53 所示。

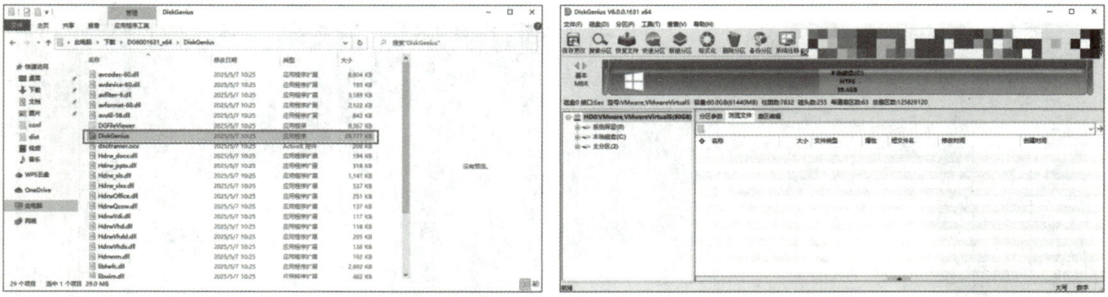

图 1–53　运行 DiskGenius

下面介绍利用 DiskGenius 软件进行数据恢复的方法。在主界面左侧找到需要恢复的数据文件所在的存储介质及对应分区，如图 1–54 所示。

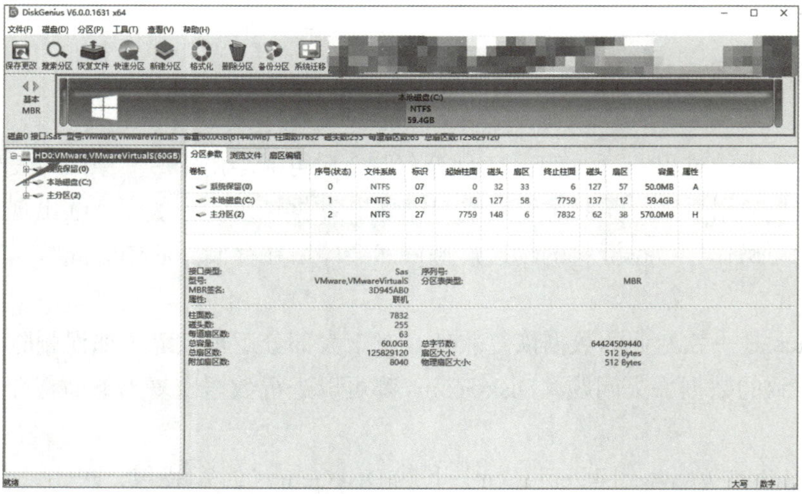

图 1–54　选择存储介质及对应分区

选择好存储介质及对应分区后，在主界面顶部单击“恢复文件”按钮，在打开的对话框中单击“开始”按钮，即可开始扫描，如图 1–55 所示。

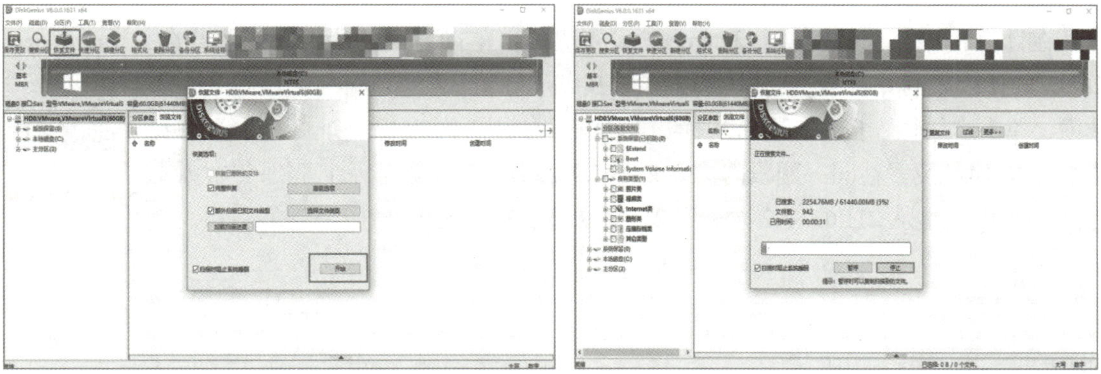

图 1–55　扫描恢复文件

扫描完成后，在右侧列表会显示搜索到的数据文件，在列表中找到丢失的数据文件并右击，选择“复制到指定文件夹”，即可恢复丢失的数据文件，如图 1–56 所示。

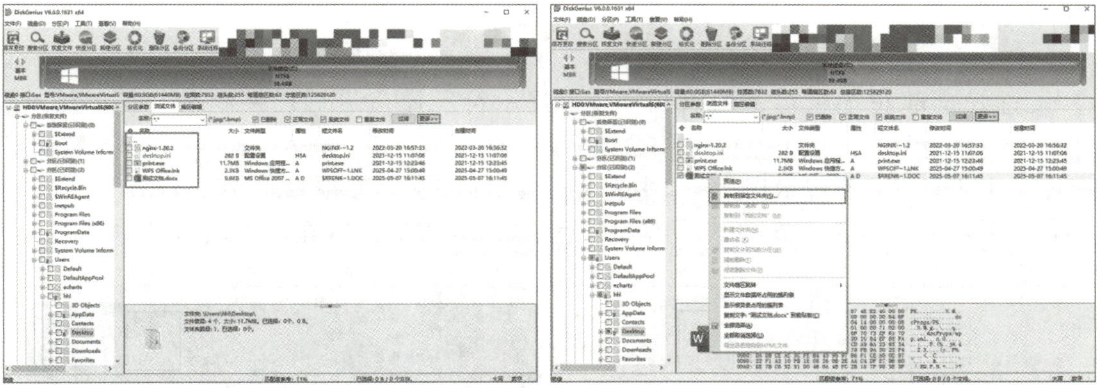

图 1–56　恢复丢失文件

1.3　计算机网络构建

1.3.1　局域网的组建与使用

局域网是一种极为常见的网络，一般应用于小范围的区域，如办公室、学校或家庭等场景。局域网的传输速度较快，延迟较低，广泛应用于一些数据传输场景。下面将介绍局域网的组建与使用。

▲计算机网络概述

局域网有多种组建方式，下面介绍一种较常见、较方便的组建方式。以 Windows 11 系统为例，首先将路由器通电并进行连接，将网线的一端连接至路由器的 LAN 接口（需要注意的是，路由器的插口分为 WAN 接口和 LAN 接口，在连接时不要连接至 WAN 接口），另一端连接至计算机主机背部的以太网接口，重复以上连接方式，将需要组网的全部计算机与路由器相连。

在计算机中打开“网络与 Internet”设置界面，单击右侧的“更改配置器选项”，选择以太网并右击，选择“属性”，找到“Internet 协议版本 4（TCP/IPv4）”选项，单击“属性”按钮，在常规标签下单击“使用下面的 IP 地址”，将每台计算机的 IP 地址设置在同一网段内（如 211.65.95.×）。以组建四台计算机的局域网为例，将 IP 地址从 211.65.95.2 设置到 211.65.95.5。具体设置如图 1–57 所示。

▲ IP 地址与域名

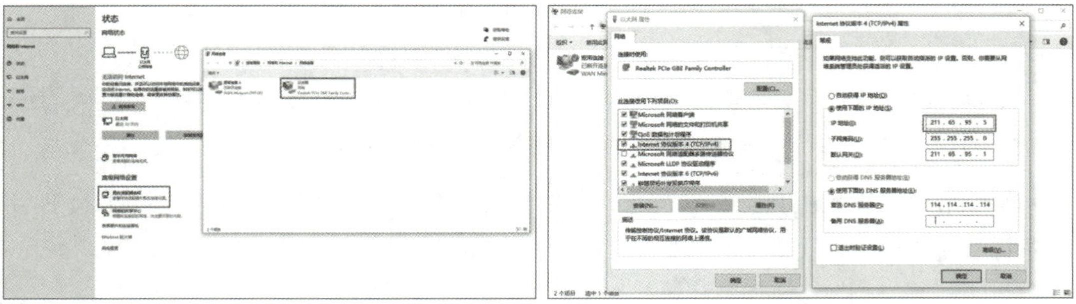

图 1–57　设置 IP 地址

设置好全部 IP 地址后，可以在“命令提示符”窗口进行连接测试。在 IP 地址为 211.65.95.2 的计算机上按下 Win+R 组合键打开“运行”窗口，输入“cmd”后单击“确定”按钮，在打开的“命令提示符”窗口中输入 ping 211.65.95.3 后按 Enter 键，若出现类似“来自 211.65.95.3 的回复：字节 =32”的信息则表示局域网畅通，如图 1–58 所示。

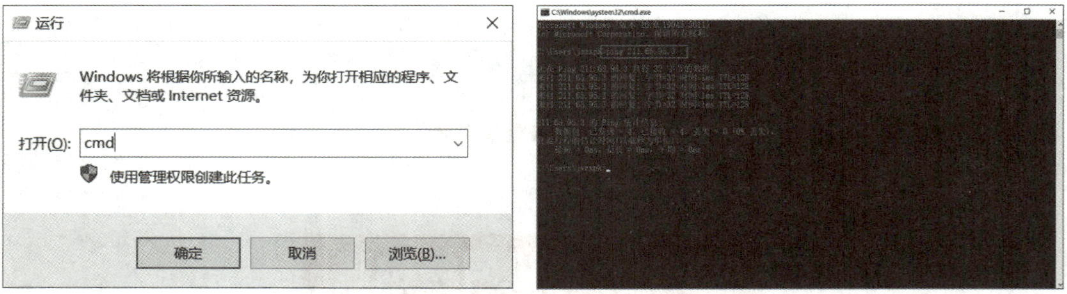

图 1–58　局域网连接测试

局域网可以实现数据传输和资源共享等功能。以资源共享功能为例，以 IP 地址为 211.65.95.5 的计算机作为共享计算机，创建一个新的文件夹并命名为“共享文件夹”，右击该文件夹，选择“属性”，在打开的对话框中切换到“共享”选项卡并单击“共享”按钮，进入“选择要与其共享的用户”界面，在下拉列表中选择“Everyone”，单击右侧“添加”按钮后单击“共享”按钮即可，如图 1–59 所示。

设置好共享功能后，局域网内的其他计算机可以通过 IP 地址对共享文件夹进行访问。以 IP 地址为“211.65.95.5”为例，在资源管理器的地址栏中输入“\\211.65.95.5”后，窗口内容跳转至共享文件夹，可以对文件夹中内容进行操作，如图 1–60 所示。

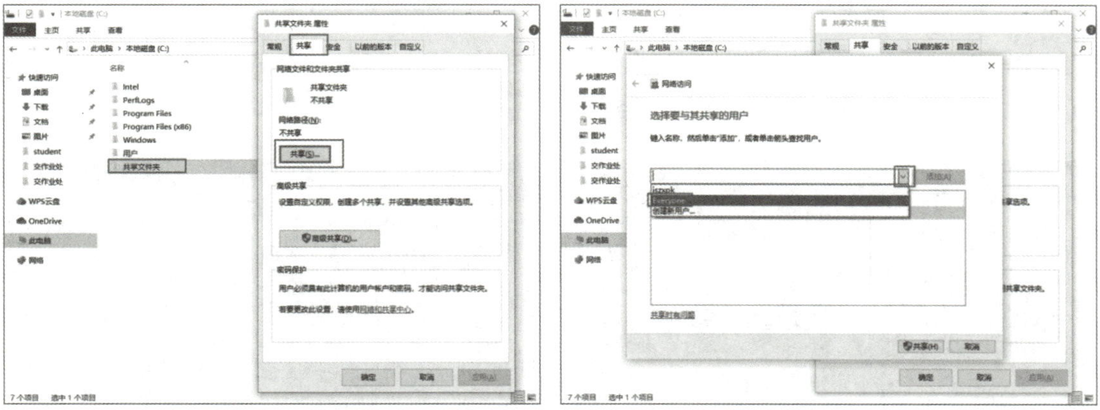

图 1-59 设置共享用户

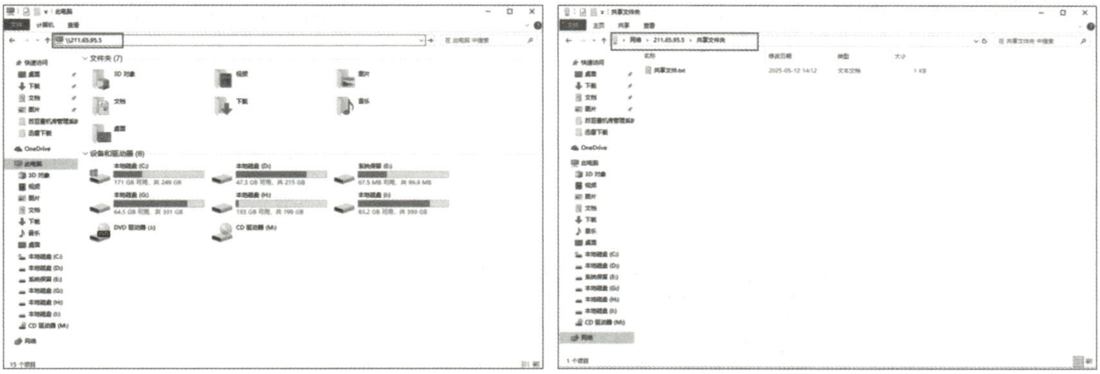

图 1-60 访问共享文件夹

1.3.2 互联网的接入与应用

互联网的连接与局域网略有不同，需要先在运营商处开通网络服务。网络服务开通后，在需要使用互联网的区域找到运营商提供的网线接口。以小米路由器为例，将网线的一端插入路由器的 WAN 接口，另一端插入运营商提供的网线接口；将另一根网线的一端插入路由器的 LAN 接口，另一端插入计算机的网线接口。连接好设备后，在计算机的浏览器的地址栏中输入 miwifi.com 后按 Enter 键，进入小米路由器后台设置界面，如图 1-61 所示。

图 1-61 小米路由器后台设置界面

单击“同意，继续”按钮后，路由器会自动检测网络宽带的上网方式。若检测到上网方式是 PPPoE 拨号方式，则需要填写运营商提供的用户名与密码；若是 DHCP 上网方式，则会直接跳转至 Wi-Fi 设置界面，需要填写 Wi-Fi 名称与密码，如图 1–62 所示。

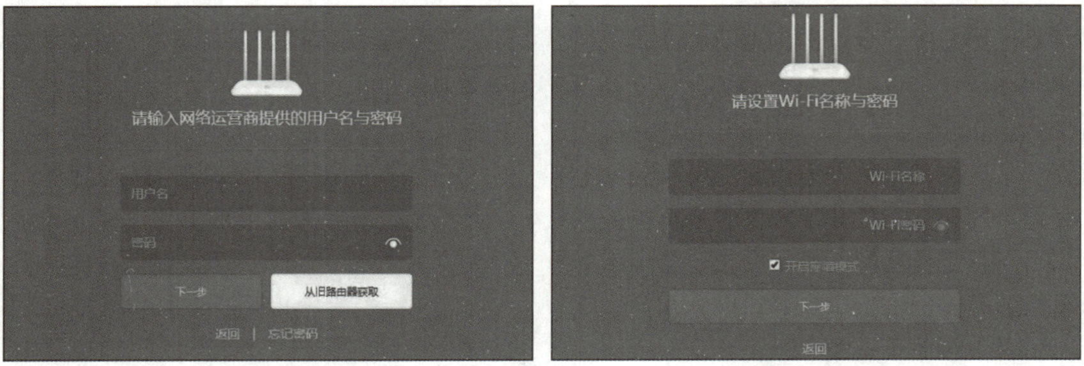

(a) PPPoE拨号　　(b) DHCP上网

图 1–62　设置联网信息

填好以上信息后，需要设置管理密码完成路由器配置，如图 1–63 所示。路由器配置完成后，即可完成联网操作。

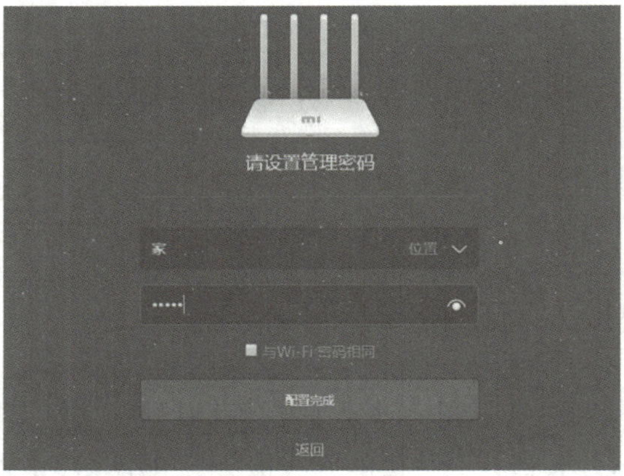

图 1–63　设置管理密码

第 2 章 WPS Office 的智能应用

金山办公旗下的 WPS AI，即 WPS 智能助手，是基于大语言模型（LLM）的人工智能办公应用。通过 AI 技术的融入，它实现了诸如智能编辑、语音识别、自动排版、智能数据分析等多项功能。这些智能化功能的运用，显著提升了用户的办公效率与体验感。WPS AI 除了具备高效、智能化和功能全面等特点，与其他办公软件的 AI 相比，还拥有以下特点。

▲国产软件 WPS Office

（1）集成化：WPS AI 与 WPS Office 完美衔接，能提供一体化的办公体验，提高工作效率。用户不必切换软件，就能在熟悉的 WPS 界面中使用 AI 功能，如在 WPS 文字、WPS 表格、WPS 演示等应用程序中轻松调用 WPS AI。

（2）本土化：WPS AI 作为国产软件，更了解本土用户的办公需求，提供的功能和服务更贴合本土用户习惯，如在文档模板、语言表达、格式要求等方面更符合汉语情境。

（3）个性化：WPS AI 在生成内容过程中支持人工参与，能更好地满足用户的个性化需求。用户能对生成的大纲等内容进行修改、调整标题层级等操作，还能在已生成的内容基础上实现一键续写。

（4）需求多样化：WPS AI 覆盖了目前所有的主流系统和平台，包括 Windows、Mac、Web 以及 Android 和 iOS，满足不同用户在不同设备上的办公需求。除了支持中文，WPS AI 还支持十多种语言，能满足国内外不同用户的语言需求。

WPS AI 的主要功能如下。

（1）AI 写作助手：包含 AI 帮我写和 AI 帮我改等功能，能根据用户输入的关键词和内容，自动生成文章框架和段落，支持工作总结、广告文案、社媒推文等多种类型的文本；能一键生成大纲、撰写讲话稿等。同时支持续写、润色、扩写、缩写等功能，结合修订模式，让用户清晰地看到修改内容，提升对 AI 的掌控感和信任感。

（2）AI 阅读助手：能帮助用户对文档进行解析、总结和问答；能快速提炼 DOCX、PDF 等格式文档的重点信息，辅助梳理文档结构；能对双语合同等文档进行自动分析，推荐需要快速理解的问题并回答，也可回答用户的问题，答案均可溯源。在手机端使用时，支持自由问答、全文总结、语音输入与输出等功能，辅助阅读更高效。

（3）AI 数据助手：能根据用户提出的需求，在表格中完成海量数据的计算、分析和归类；能快速识别数据趋势、异常值等关键信息；能根据数据特点推荐最合适的图表类型并生成，帮助用户更好地理解和展示数据。

（4）AI 设计助手：能帮助用户快速完成排版、设计风格和图片处理等方面的工作；能根据演示文稿的内容自动调整幻灯片布局，推荐合适的字体、颜色和图片；能根据演讲主题生成创意动画，让演讲更加生动有趣。

2.1 对 WPS AI 精准提问的技巧

WPS AI 能够理解用户输入的自然语言，并且能够生成相应的回答，从而实现与用户的有效互动。为了在 WPS AI 中获得满意的回答，用户需要掌握一些精准提问的技巧。这包括如何清晰表达核心需求、补充关键影响因素以及结合具体场景关键词，以便 WPS AI 能够更好地理解问题，从而提供更加准确和有价值的回答。

2.1.1 明确提问框架：需求 + 细节 + 场景

1. 清晰表达核心需求

在向 WPS AI 提问之前，用户应当确保对所要询问的问题有一个清晰的认识，需要明确地知道想要了解的主题以及具体想要探讨的内容。只有对于问题的表述足够明确、清晰且具体时，WPS AI 才能更好地理解用户的需求，从而提供一个准确且符合用户需求的回答。因此，用户在提问时，要尽量避免模糊和笼统的表述，尽可能详细地描述自己的需求，以便 WPS AI 能够更有效地进行处理和回应。

2. 补充关键影响因素

当用户首次向 WPS AI 提出问题时，可能会发现得到的回答并不完全符合期望或需求。这是因为在初次互动中，WPS AI 可能还没有完全理解用户的具体问题或背景信息。为了获得更理想的回答，可以继续进行补充提问。通过进一步地追问和细化问题，用户将使 WPS AI 有机会更好地理解自己的真实需求，并提供更加精确和满意的回答。因此，初次提问后，如果不满意可以继续补充信息进行追问，直至得到满意的回答为止。可以补充的信息包括以下几种。

（1）背景信息：如时间、地点、对象（如“江苏地区高校学生”“2024 年 Q4 数据”）。

（2）格式要求：如文档类型（如演示、电子表格、文字）、排版风格（如正式、简洁、创意）、数据维度（如“包含折线图、柱状图对比”）。

（3）约束条件：如预算、字数、特殊要求（如“符合国企公文格式”“双语对照”）。

3. 结合具体场景关键词

人工智能技术在当今社会已经广泛应用于各种不同的场景中，而 WPS AI 会根据这些不同的应用场景来提供相应的输出内容。这种能力正是 WPS AI 智能化的显著体现。为了确保 WPS AI 能够更好地满足用户的需求，与其期望相契合，用户应当向 WPS AI 提供更为精确和具体的应用场景描述。通过这种方式，用户与 WPS AI 之间的互动将变得更加高效和顺畅，进一步提升用户体验。

2.1.2 WPS AI 提问技巧

1. 利用参考素材

在对 WPS AI 提问时，可以上传相关的文档作为参考资料，以确保生成的内容与提供的文档保持高度相关性。

2. 定制职业身份

在“伴写”功能中，用户可以根据自己的需求选择特定的职业角色，如教师、工程师等。选择完毕后，WPS AI 会智能地调整其生成文本的风格，以适应所选职业角色的特定语境和需求。例如，如果用户选择了“教师”这一职业角色，WPS AI 将自动切换到教育领域的文风。它会帮助用户设计一份详尽的教案，这份教案将包含教学目标、板书设计以及互动环节等多个方面。教学目标部分会明确指出本节课的学习重点和预期达到的教学效果；板书设计则会提供一个清晰、有条理的黑板布局方案，以帮助学生更好地理解和记忆课程内容；互动环节则会设计一些有趣的课堂活动，以提高学生的参与度和兴趣，从而取得更好的教学效果。通过这种方式，“伴写”功能能够为用户提供更加个性化和专业化的文本生成服务。

3. 善用多轮对话分步骤引导生成

WPS AI 具备多轮对话功能，它能够根据之前的对话内容进行调整，从而更好地理解和回答问题。例如，在制订一份旅游计划时，首先，你可以向 WPS AI 提供你的出行时间和目的地信息。WPS AI 会根据这些信息为你初步生成一份旅游计划。随后，你可以根据计划中的具体细节，向 WPS AI 提出进一步的修改或补充信息。通过这种方式，WPS AI 可以逐步深入了解旅游计划的各个细节，从而生成一份更加完善和个性化的旅游计划。这种逐步深入的对话方式不仅有助于提高计划的准确性，而且有助于你充分考虑每一个细节，确保最终获得一个令人满意的旅游体验。

例如，在演示文稿的制作过程中，可以把复杂任务拆分提问：

①生成大纲→②补充每页详细内容→③推荐配色和动画→④插入数据图表。

示例：

①生成“新能源汽车市场分析”大纲，5 页演示文稿。

②根据附件中的表格在第二页补充 2023 年销量数据对比。

③推荐科技感配色方案。

综上所述，如果想尽快获得理想中的 AI 生成服务，一定要掌握并恰当使用提问框架与提问技巧。

精准提问框架 = 核心需求 + 细节参数（包括时间、对象、地点、格式、约束条件等）+ 场景关键词

提问技巧 = 利用素材 + 定制身份 + 分步骤引导

2.1.3 避免误区以提升提问精准度

1. 避免模糊表述

若想提升 AI 回答的精准度，应避免使用令 AI 难以把握问题核心的模糊表述，如“做个吸引人的 PPT”。相反，应提供具体明确的指令，如“制作 10 页‘人工智能行业趋势’PPT，风格为简约科技风，采用蓝白配色，每页配备动态数据图表，并包含演讲备注”。此外，描述问题时宜采用正式且标准的语言，尽量规避缩写，也应尽量用客观的肯定句式。

2. 明确数据范围

在处理表格数据时，用户应该明确指定数据区域和计算逻辑。例如，当需要分析某个特定的数据区域时，应该明确指出，如“在 Sheet1 中 A2 到 C100 的单元格区域”。同时，用户也应该明确计算逻辑，如“进行去重计数”或者“计算同比增长率”。

示例：“分析 Sheet1 中‘产品类别’列，统计各品类销量 TOP3 的商品，生成柱状图并标注增长率。”这样的具体描述可以帮助 WPS AI 更准确地理解用户的需求，并生成符合预期的回答。

3. 检查 AI 理解偏差

生成回答后应快速核查（如判断时间、数据是否符合预期），以确保生成的回答符合预期。如果发现有任何偏差，应当通过修订模式进行调整（WPS AI 支持修改痕迹回溯）。

示例：若 AI 生成的旅游计划超出预算，应补充说明“调整住宿为三星级酒店，总预算控制在 1.2 万元以内。”

2.1.4 场景化提问示例

表 2–1 所示是不同场景下模糊提问和精准提问的对比示例。

表 2–1 不同场景下模糊提问和精准提问的对比示例

场景	模糊提问	精准提问
WPS 文字	“写一篇工作总结”	“写 2024 年行政岗位工作总结，包含档案管理（完成率 98%）、会议组织（48 场）、采购成本优化（节省 15%），附下一年计划”
WPS 表格	“分析这些数据”	“分析表格中的‘用户行为表’，计算 30 天留存率，标注异常值（单击率 <5%），生成趋势折线图”
WPS 演示	“做个 PPT”	“生成‘跨境电商运营方案’PPT，包含市场分析（附东南亚地区数据）、竞品策略、执行计划，每页配流程图和数据对比”
设计	“设计海报”	“设计‘双 11 大促’的电商海报，尺寸为 900 mm × 600 mm，风格活泼，包含产品图、折扣信息（满 300 减 50）、倒计时元素”

如果需要 WPS AI 生成一个关于环保的创意故事，可以优化提示词为“请创作一个以环保为主题的短篇故事，主角是一位热爱自然的青少年。故事中需包含环保行动和自然保护的元素，以启发读者关注环境保护。请确保故事情节引人入胜，角色形象鲜明。”

综上所述，为了实现与 WPS AI 的高效互动并获得精准的回答，需要采取一些关键的策略。首先，明确地定义问题是非常重要的。这包括确保问题的表述简洁、具体且无歧义。其次，提供相关的背景信息也是重要的。因为这有助于 WPS AI 更好地理解问题的上下文，从而提供更精准的回答。再次，优化提问方式同样不可忽视。例如，使用明确的关键词和避免过于复杂的句子结构，这样可以减少误解和混淆的可能性。最后，善用多轮对话的技巧也是提高互动效率的关键。通过逐步细化问题和反馈，可以逐步引导 WPS AI 给出更接近用户需求的回答。

通过运用这些技巧，才能够更有效地与 WPS AI 进行沟通，从而显著提高工作效率和回答的准确性。这不仅能节省时间，还能确保用户获得高质量的输出结果，最终达到事半功倍的效果。

2.2 WPS AI 智能文字写作

WPS AI 智能写作助手的特性与优势在于其先进的自然语言处理技术，可以为用户提供个性化的写作解决方案。这一智能工具能够深刻理解用户的需求，通过其强大的算法，精准地提供定制化的写作建议和内容填充，从而让写作过程变得更加流畅和高效。智能模板的定制化开发，是该助手的一大亮点。例如，它能够与学术论文的结构无缝对接，仿佛是为研究者量身打造的写作伴侣。它不仅能帮助研究者迅速构建论文框架，还能确保论文的逻辑性和条理性，从而显著提升写作效率。

用户可以根据自己的需求选择恰当的模板，跳过从零开始构建的复杂步骤，使写作变得更加轻松。在商业报告撰写方面，智能写作助手不仅能提供智能化设计的模板，还能通过数据智能分析功能，自动整合并分析报告所需数据，生成富有深度见解的报告内容。这一功能极大地减轻了报告撰写者的负担，使他们能够专注于报告的策略和分析部分，而不是烦琐的数据整理工作。

在多人协同编辑场景中，WPS AI 智能写作助手可以通过实时同步和版本控制，确保团队成员高效协作，共同完成文档的创作与修订。这种协作方式不仅提高了团队的工作效率，还减少了因版本混乱导致的沟通成本。

智能目录生成技术进一步简化了文档结构管理，使得长篇文档的导航变得轻松、便捷，用户可以迅速定位到所需信息，极大地提高了工作效率。

通过这些特性与优势，WPS AI 智能写作助手不仅大幅提高了个人的写作效率，也为团队协作提供了强而有力的支持。它已经成为现代办公中不可或缺的智能工具。无论是学术研究、商业报告撰写或团队项目管理，WPS AI 智能写作助手都能提供卓越的辅助，让工作变得更加高效而有序。

2.2.1 利用 AI 模板快速生成文本框架

WPS 办公套件提供了一个丰富的 AI 模板库（见图 2–1）。这些模板包含了多种类型，包括 AI 文档模板、AI 表格模板以及 AI 表单模板等。这些模板不仅形式多样，而且设计精良，能够满足用户在不同场景下的需求。用户可以通过这些模板快速搭建起文档、表格和表单的框架，从而大幅提高工作效率。

图 2–1　AI 模板库

这些模板通常预设了各种格式和样式，使得用户在使用时能够享受到便捷的编辑体验。用户可以根据自己的具体需求，对模板进行个性化的修改和调整。这不仅包括对文字的编辑，还包括对色彩、字体、段落格式等细节的调整，以进一步优化文档的内容和视觉效果。

此外，WPS AI 还提供了强大的图形、表格、图片等的插入功能。用户可以在模板的基础上，轻松地添加所需的元素，从而丰富文档的内容和形式。这些功能使得用户能够更加灵活地编辑和美化文档，使其更加生动。

通过直接套用这些模板，用户不仅能够节省大量的时间，还能确保文档的标准化和专业性。AI 文档模板的获取方式也非常便捷，用户可以通过以下方式在线获取所需的模板。

2.2.2 WPS AI 写作示例

下面利用 WPS AI 生成一篇作文范例。

（1）进入 WPS 主界面，单击“新建”中的“智能文档”按钮，进入“新建智能文档”界面，在“AI 模板”区域单击最右侧的“查看更多”（见图 2–2）。

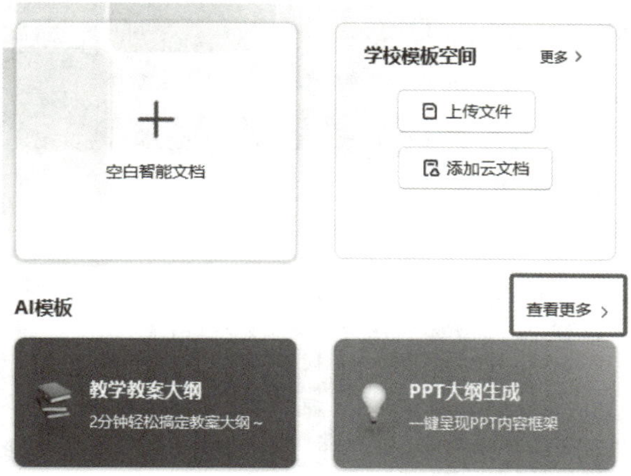

图 2–2 “新建智能文档”界面

（2）进入“AI 模板”界面，便可在各类丰富多彩的模板中挑选适合主题的模板。例如，单击“生成作文范例”按钮（见图 2–3），即可使用作文范例模板。

图 2–3 单击“生成作文范例”按钮

（3）在右侧的“AI 模板设置”窗口中，根据需要选择文章体裁和文章结构，在文本框中输入作文的主题或关键字。然后单击下方的“开始生成”按钮，即可生成如图 2–4 所示的作文范例①。

（4）如果对生成的内容满意，则单击右下方的“完成”按钮；如果不满意可在文本框中输入更多关键字，然后单击“重新生成”按钮再次生成。

① AI 生成的结果可能存在错误，本书为了真实呈现 AI 能力，对生成的结果不做加工。

图 2-4　生成作文范例

2.2.3　AI 文章快速排版

优质的排版不仅能方便读者阅读，更能显著提升阅读体验，但要将一篇文章或一篇论文的排版做得尽善尽美并非易事。首先，排版的具体要求应细致入微，需综合考虑标题、正文、字号、字体、段首缩进、行间距、分页等诸多细节，且不同对象对排版格式的要求各有差异。其次，排版的工作量大，尤其是面对书稿、报告、论文等长篇文档的排版工作时更为显著。

WPS AI 的 AI 排版功能能够有效提升用户的排版效率，使排版过程变得更加轻松、便捷。以下简单介绍其使用方法。

（1）在 WPS 文字中打开需要排版的文档，在“WPS AI”选项卡中单击“AI 排版”下拉按钮，如图 2-5 所示。

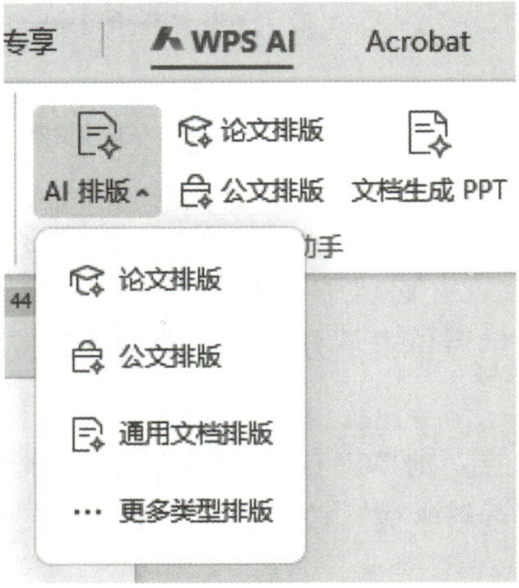

图 2-5　单击“AI 排版”下拉按钮

（2）选择“更多类型排版”，在文档右侧出现“AI 排版”窗格，如图 2-6 所示。

（3）根据需求选择合适的排版格式。例如，单击第一项“学位论文”，然后选择相应的学校（见图 2-7）。

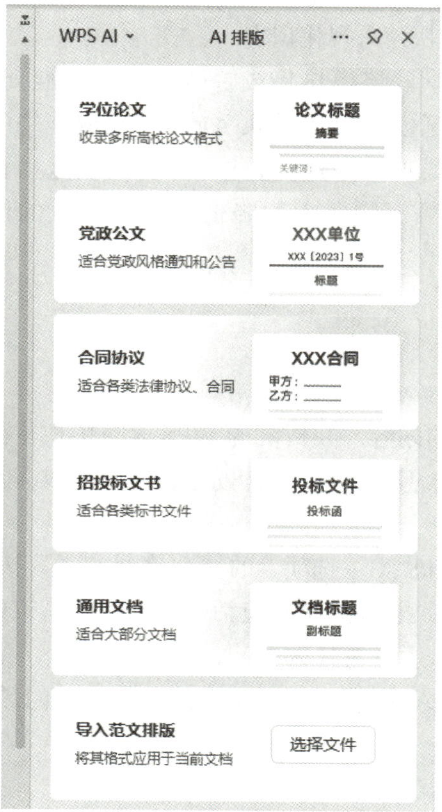

图 2-6　“AI 排版”窗格

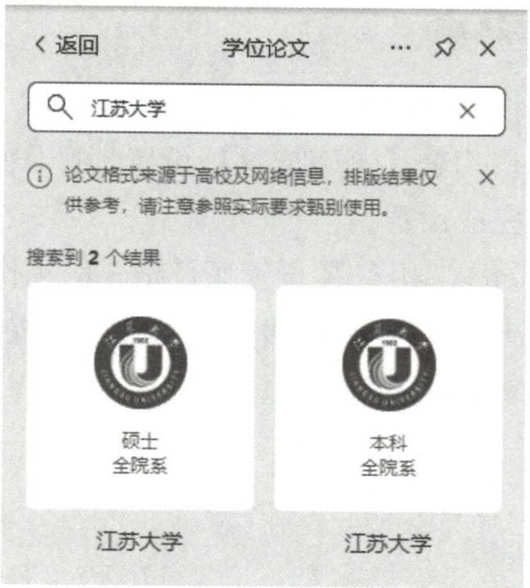

图 2-7　在“学位论文”中选择学校

（4）选好之后，单击“开始排版”按钮即可。如果对 AI 生成的排版效果觉得满意，单击“应用到当前”按钮，AI 排版即可完成。如果想要进行二次修改和微调，直接在 WPS 文字里进行手动编辑即可。

2.3　WPS AI 智能表格处理

在传统 WPS 表格处理场景中，用户往往需依赖手动输入复杂公式完成计算任务，这种操作模式不仅效率低下，且易因人为疏失导致计算偏差。随着人工智能技术的深度融合，WPS 表格的操作体验实现了质的飞跃——用户现可通过自然语言交互直接驱动数据计算与分析，彻底摆脱了对复杂公式记忆与理解的依赖。这种 AI 赋能的解决方案既规避了人工操作风险，又显著提升了办公效能。

具体而言，用户现可借助简易文本指令替代传统公式及操作流程，快速实现条件格式设置、公式生成、高级筛选、数据排序等核心功能。此类高频操作通过 AI 技术简化后，数据处理效率与结果精准度均获得突破性提升。

当前 WPS AI 功能体系由 AI 设计助手与 AI 数据助手两大核心模块构成。

AI 设计助手已率先落地 AI 条件格式功能。该功能专注于表格数据的可视化呈现，支持对单元格、行列等元素进行智能化条件格式配置。用户可通过自然语言描述，为数据自动匹配颜色梯度、数据图标等视觉标识，实现关键信息的快速可视化识别。

AI 数据助手则聚焦于数据深度处理与分析场景。该模块集成智能筛选、精准查找、多维统计、复杂计算及图表生成等全流程功能，更创新性地引入 AI 公式生成能力——系统可自动解析用户需求并调用电子表格函数库，即时生成标准化计算公式。这些智能化改造使得常规数据处理任务获得指数级效率提升，同时大幅降低了专业函数的使用门槛。

2.3.1 使用 AI 设计助手设置条件格式

设置条件格式能够帮助用户寻找并识别感兴趣的内容。在传统的 WPS 表格中往往需要用户使用公式来完成这项设置，操作可能比较复杂。但通过 AI 设计助手，用户可以非常便捷地完成设置。

（1）打开需要设置条件格式的工作表，单击“WPS AI”选项卡的“AI 条件格式”按钮，在打开的“AI 条件格式”对话框中输入提示词，如“把 G 列中对应活动地点为北京市的单元格标为绿色”。

（2）按 Enter 键，“AI 条件格式”对话框中出现 AI 根据提示词生成的条件格式的区域、规则、格式，如图 2–8 所示。

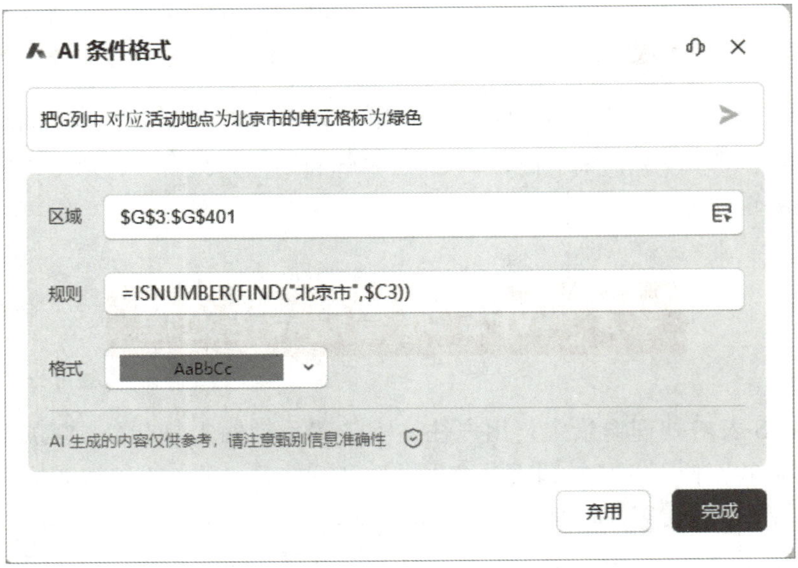

图 2–8 “AI 条件格式”对话框

（3）单击“完成”按钮，结果如图 2–9 所示。可以看到只要活动地点是北京市的对应 G 列单元格都被标为绿色了。

广东省深圳市龙岗区	BIC-007	¥	140.00
江西省南昌市西湖区	BIC-005	¥	200.00
北京市海淀区	BIC-006	¥	345.00
北京市西城区	BIC-007	¥	22.00
贵州省贵阳市云岩区	BIC-008	¥	246.00
贵州省贵阳市	BIC-009	¥	388.00
辽宁省大连中山区	BIC-010	¥	29.00
四川省成都市	BIC-003	¥	500.00
山西省大同市	BIC-004	¥	458.70
浙江省杭州市	BIC-005	¥	532.60
浙江省杭州市	BIC-006	¥	606.50
北京市西城区	BIC-007	¥	680.40
福建省厦门市	BIC-005	¥	754.30
广东省广州市	BIC-006	¥	828.20
广东省广州市	BIC-007	¥	902.10
江苏省南京市	BIC-008	¥	976.00
天津市和平区	BIC-009	¥	1,049.90
山东省青岛市	BIC-006	¥	1,123.80
广东省东莞市	BIC-007	¥	1,197.70
河北省石河子市	BIC-005	¥	1,271.60
重庆市渝中区	BIC-006	¥	120.00
北京市	BIC-007	¥	200.00
上海市	BIC-008	¥	3,000.00
上海市	BIC-009	¥	300.00

图 2–9　设置“AI 条件格式”结果

2.3.2　使用 AI 数据助手处理表格数据

AI 数据助手（见图 2–10）是一款功能强大的智能化工具组。用户无论是刚入门的新手还是有经验的办公人员，都能快速上手，只需用自然语言简单描述需求，不需要复杂的操作技巧和专业知识，就能让 AI 完成各种数据处理和分析任务，极大地降低了表格数据分析的操作门槛和学习成本。

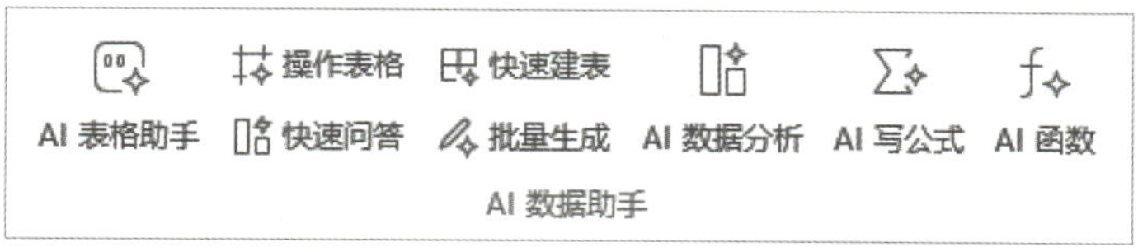

图 2–10　AI 数据助手

1. AI 表格助手

下面以具体例子来介绍 AI 表格助手的使用方法。

现要从“公司差旅报销管理”表中的 C 列单元格中提取出活动地点所属省市，填充至 D3：D401 单元格区域中。如果使用传统的公式法，需要在 D3 单元格中输入公式“=LEFT（C3，SEARCH（“X”，C3）–1）”，并使用填充柄向下填充。如果使用 AI 表格助手，则可以使用自然语言描述指令，具体步骤如下。

单击“WPS AI”选项卡的“AI 表格助手”按钮，打开“AI 表格助手”对话框，输入提示词，如“将 C 列中‘X’前的地区抽取出来填充 D 列”，如图 2–11 所示，然后单击下面的“AI 操作表格”按钮，所需内容就会自动填入 D 列，如图 2–12 所示。

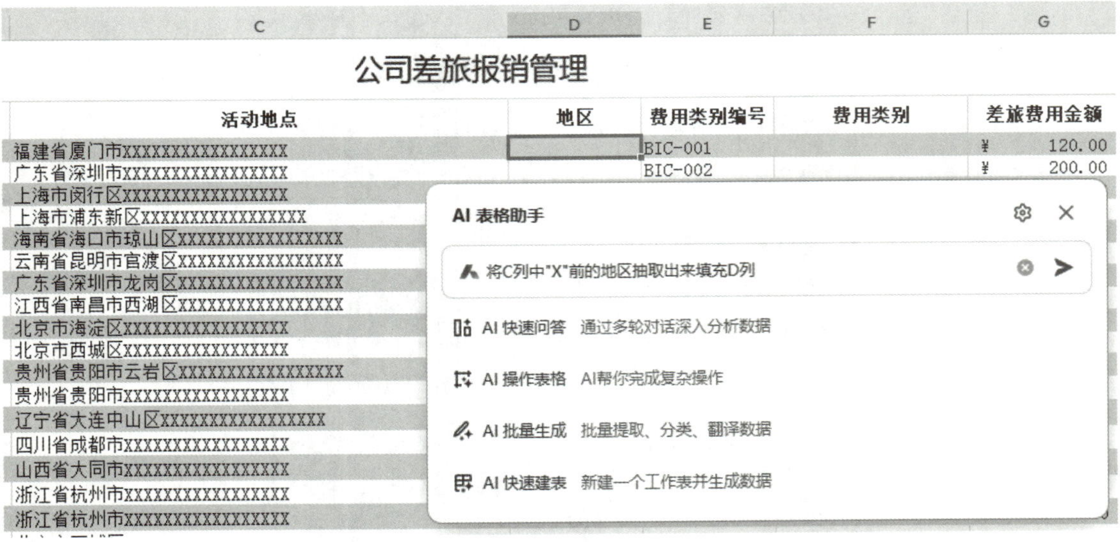

图 2–11 “AI 表格助手”对话框

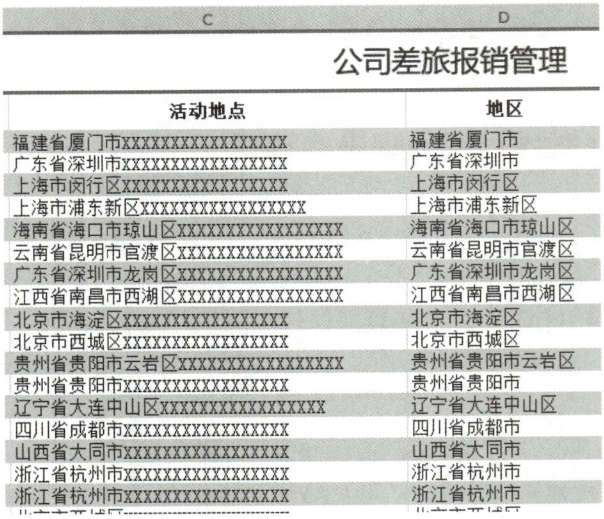

图 2–12 使用 AI 表格助手的结果

2. AI 写公式与操作表格

WPS 表格内置的公式函数体系极为完备，涵盖统计运算（如 SUMIFS、COUNTIF）、文本处理（LEFT、TEXTJOIN）、日期计算（EDATE、WORKDAY）、财务分析（PMT、IRR）、工程运算（BESSELJ、COMPLEX）等七大类别，共计 487 个函数。面对如此庞大的专业函数库，普通用户常遭遇知道需求却难以精准定位函数、掌握基础函数但难以构建复合公式等应用瓶颈，往往需要反复查阅文档或试错调试。通过 AI 数据助手，用户只需用自然语言描述数据处理目标，如“提取身份证号中的出生日期信息”“计算季度销售额环比增长率”，系统即可智能推荐函数组合方案，自动生成完整公式并附带执行逻辑解析，甚至能根据数据特征提示潜在错误并给出规避建议。这种对话式交互模式，使处理销售报表、考勤统计、科研数据等复杂表格操作变得如同日常对话般直观便捷。

例如，现需要根据学号第四位的信息填充班级列（C 列），并计算每位同学的总分及平均分，最后按照总分降序排列数据，可以通过下面的操作实现。

（1）单击“WPS AI”选项卡的“操作表格”按钮，在打开的对话框中输入提示词：

提取出 A 列中学号的第 4 位数值，加上“班”字组成文本。

将生成的公式填充至 C 列执行后得到结果，如图 2–13 所示。

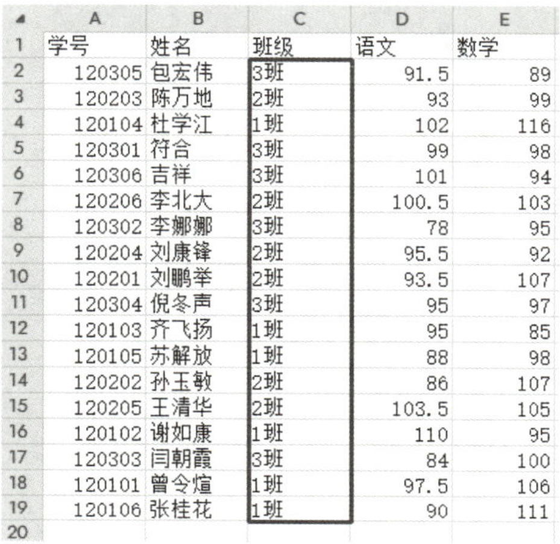

	A	B	C	D	E
1	学号	姓名	班级	语文	数学
2	120305	包宏伟	3班	91.5	89
3	120203	陈万地	2班	93	99
4	120104	杜学江	1班	102	116
5	120301	符合	3班	99	98
6	120306	吉祥	3班	101	94
7	120206	李北大	2班	100.5	103
8	120302	李娜娜	3班	78	95
9	120204	刘康锋	2班	95.5	92
10	120201	刘鹏举	2班	93.5	107
11	120304	倪冬声	3班	95	97
12	120103	齐飞扬	1班	95	85
13	120105	苏解放	1班	88	98
14	120202	孙玉敏	2班	86	107
15	120205	王清华	2班	103.5	105
16	120102	谢如康	1班	110	95
17	120303	闫朝霞	3班	84	100
18	120101	曾令煊	1班	97.5	106
19	120106	张桂花	1班	90	111
20					

图 2–13　利用操作表格功能，完成 C 列填充

（2）单击“WPS AI”选项卡的“AI 写公式”按钮，在打开的对话框中输入提示词：

计算 D 列到 J 列的总分，填入 K 列。

单击“完成”按钮，AI 便会使用 SUM 函数获得 K2 单元格的值，如图 2–14 所示，然后使用填充柄填充 K 列即可。

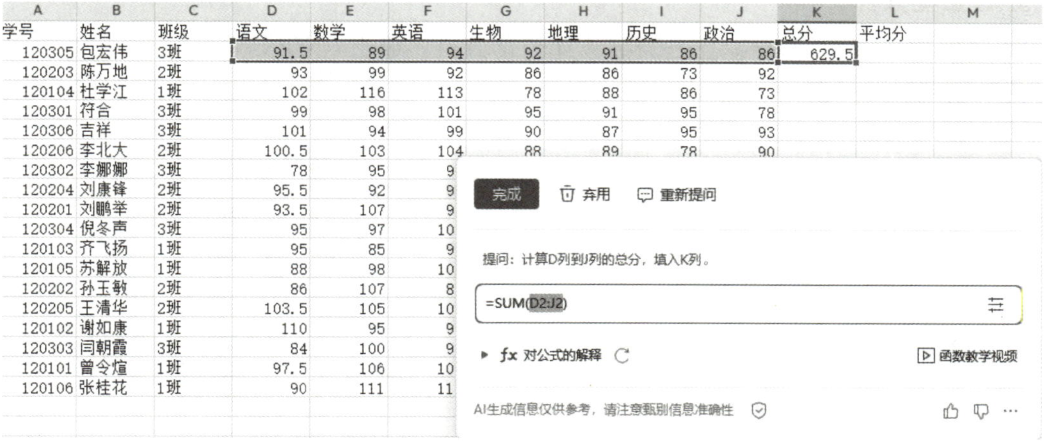

A	B	C	D	E	F	G	H	I	J	K	L	M
学号	姓名	班级	语文	数学	英语	生物	地理	历史	政治	总分	平均分	
120305	包宏伟	3班	91.5	89	94	92	91	86	86	629.5		
120203	陈万地	2班	93	99	92	86	86	73	92			
120104	杜学江	1班	102	116	113	78	88	86	73			
120301	符合	3班	99	98	101	95	91	95	78			
120306	吉祥	3班	101	94	99	90	87	95	93			
120206	李北大	2班	100.5	103	104	88	89	78	90			
120302	李娜娜	3班	78	95	9							
120204	刘康锋	2班	95.5	92	9							
120201	刘鹏举	2班	93.5	107	9							
120304	倪冬声	3班	95	97	10							
120103	齐飞扬	1班	95	85	9							
120105	苏解放	1班	88	98	10							
120202	孙玉敏	2班	86	107	8							
120205	王清华	2班	103.5	105	10							
120102	谢如康	1班	110	95	9							
120303	闫朝霞	3班	84	100	9							
120101	曾令煊	1班	97.5	106	10							
120106	张桂花	1班	90	111	11							

图 2–14　利用 AI 写公式求总分

（3）类似地，利用 AI 写公式计算 L2 单元格的值，还可以要求结果保留 1 位小数，如图 2–15 所示，然后使用填充柄填充 L 列。

（4）单击“WPS AI”选项卡的“操作表格”按钮，在打开的对话框中输入提示词：

按照 K 列降序排列数据。

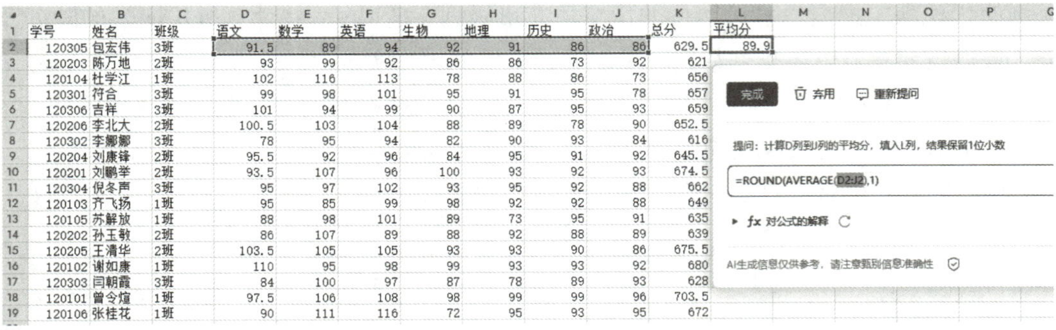

学号	姓名	班级	语文	数学	英语	生物	地理	历史	政治	总分	平均分
120305	包宏伟	3班	91.5	89	94	92	91	86	86	629.5	89.9
120203	陈万地	2班	93	99	92	86	86	73	92	621	
120104	杜学江	1班	102	116	113	78	88	86	73	656	
120301	符合	3班	99	98	101	95	91	95	78	657	
120306	吉祥	3班	101	94	99	90	87	95	93	659	
120206	李北大	2班	100.5	103	104	88	89	78	90	652.5	
120302	李娜娜	3班	78	95	94	82	90	93	84	616	
120204	刘康锋	2班	95.5	92	96	84	95	91	92	645.5	
120201	刘鹏举	2班	93.5	107	96	100	93	92	93	674.5	
120304	倪冬声	3班	95	97	102	93	95	92	88	662	
120103	齐飞扬	1班	95	85	99	98	92	92	88	649	
120105	苏解放	1班	88	98	101	89	73	95	91	635	
120202	孙玉敏	2班	86	107	89	88	92	88	89	639	
120205	王清华	2班	103.5	105	105	93	93	90	86	675.5	
120102	谢如康	1班	110	95	98	99	93	93	92	680	
120303	闫朝霞	3班	84	100	97	87	78	89	93	628	
120101	曾令煊	1班	97.5	106	108	98	99	99	96	703.5	
120106	张桂花	1班	90	111	116	72	95	93	95	672	

图 2–15 利用 AI 写公式求平均分

执行后的结果如图 2–16 所示。

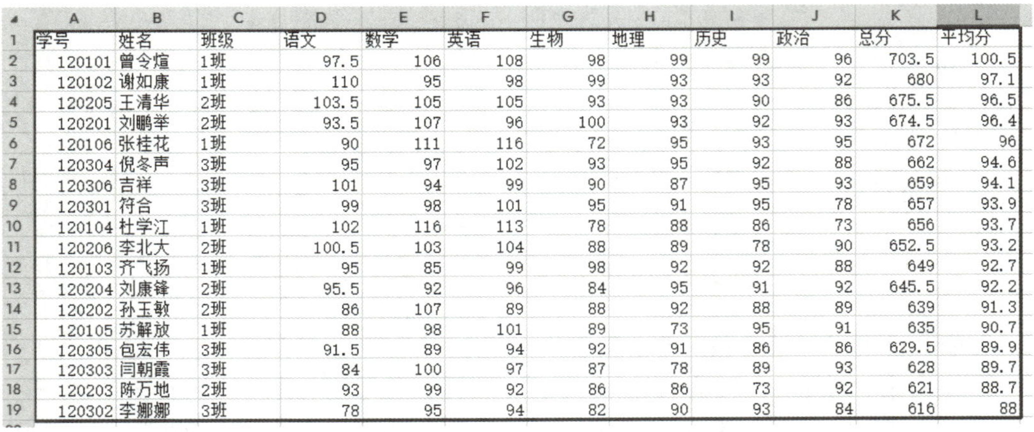

学号	姓名	班级	语文	数学	英语	生物	地理	历史	政治	总分	平均分
120101	曾令煊	1班	97.5	106	108	98	99	99	96	703.5	100.5
120102	谢如康	1班	110	95	98	99	93	93	92	680	97.1
120205	王清华	2班	103.5	105	105	93	93	90	86	675.5	96.5
120201	刘鹏举	2班	93.5	107	96	100	93	92	93	674.5	96.4
120106	张桂花	1班	90	111	116	72	95	93	95	672	96
120304	倪冬声	3班	95	97	102	93	95	92	88	662	94.6
120306	吉祥	3班	101	94	99	90	87	95	93	659	94.1
120301	符合	3班	99	98	101	95	91	95	78	657	93.9
120104	杜学江	1班	102	116	113	78	88	86	73	656	93.7
120206	李北大	2班	100.5	103	104	88	89	78	90	652.5	93.2
120103	齐飞扬	1班	95	85	99	98	92	92	88	649	92.7
120204	刘康锋	2班	95.5	92	96	84	95	91	92	645.5	92.2
120202	孙玉敏	2班	86	107	89	88	92	88	89	639	91.3
120105	苏解放	1班	88	98	101	89	73	95	91	635	90.7
120305	包宏伟	3班	91.5	89	94	92	91	86	86	629.5	89.9
120303	闫朝霞	3班	84	100	97	87	78	89	93	628	89.7
120203	陈万地	2班	93	99	92	86	86	73	92	621	88.7
120302	李娜娜	3班	78	95	94	82	90	93	84	616	88

图 2–16 利用操作表格完成排序

3. AI 数据分析

AI 数据助手中的一大亮点功能就是 AI 数据分析。单击“WPS AI”选项卡中的“AI 数据分析”按钮，即可在 WPS 表格窗口的右侧打开“AI 数据分析”窗格，如图 2–17 所示。

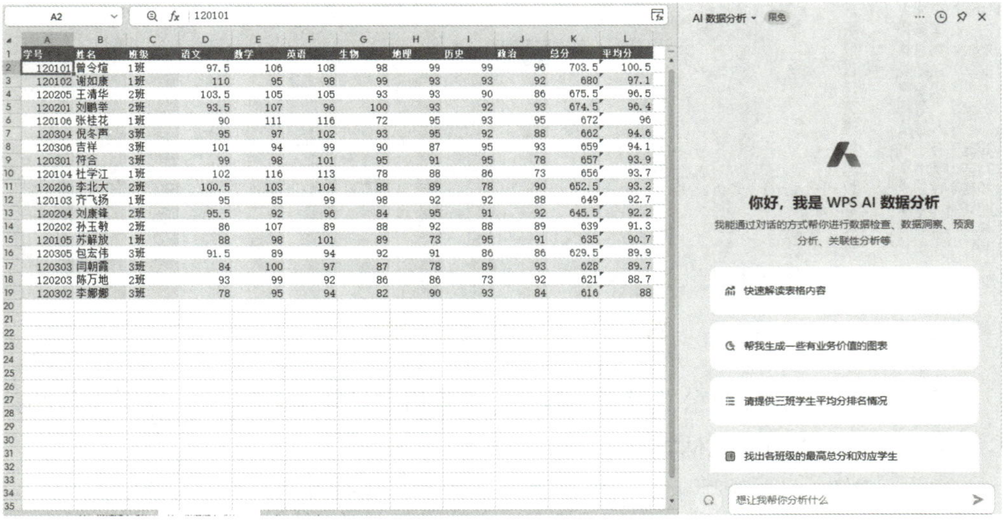

学号	姓名	班级	语文	数学	英语	生物	地理	历史	政治	总分	平均分
120101	曾令煊	1班	97.5	106	108	98	99	99	96	703.5	100.5
120102	谢如康	1班	110	95	98	99	93	93	92	680	97.1
120205	王清华	2班	103.5	105	105	93	93	90	86	675.5	96.5
120201	刘鹏举	2班	93.5	107	96	100	93	92	93	674.5	96.4
120106	张桂花	1班	90	111	116	72	95	93	95	672	96
120304	倪冬声	3班	95	97	102	93	95	92	88	662	94.6
120306	吉祥	3班	101	94	99	90	87	95	93	659	94.1
120301	符合	3班	99	98	101	95	91	95	78	657	93.9
120104	杜学江	1班	102	116	113	78	88	86	73	656	93.7
120206	李北大	2班	100.5	103	104	88	89	78	90	652.5	93.2
120103	齐飞扬	1班	95	85	99	98	92	92	88	649	92.7
120204	刘康锋	2班	95.5	92	96	84	95	91	92	645.5	92.2
120202	孙玉敏	2班	86	107	89	88	92	88	89	639	91.3
120105	苏解放	1班	88	98	101	89	73	95	91	635	90.7
120305	包宏伟	3班	91.5	89	94	92	91	86	86	629.5	89.9
120303	闫朝霞	3班	84	100	97	87	78	89	93	628	89.7
120203	陈万地	2班	93	99	92	86	86	73	92	621	88.7
120302	李娜娜	3班	78	95	94	82	90	93	84	616	88

图 2–17 打开“AI 数据分析”窗格

在这个窗格中可以输入提示词，让 AI 进行数据分析。AI 也根据表格的内容，预先提供了一些参考的提示词，如“帮我生成一些有业务价值的图表”。单击这个提示词，AI 就可以根据实际数据，按照它对表格数据的理解和分析，生成一些图表。

用户可以看到 AI 整个数据分析过程中的逻辑推理，还有每一步对表格数据进行的操作（见图 2–18）。

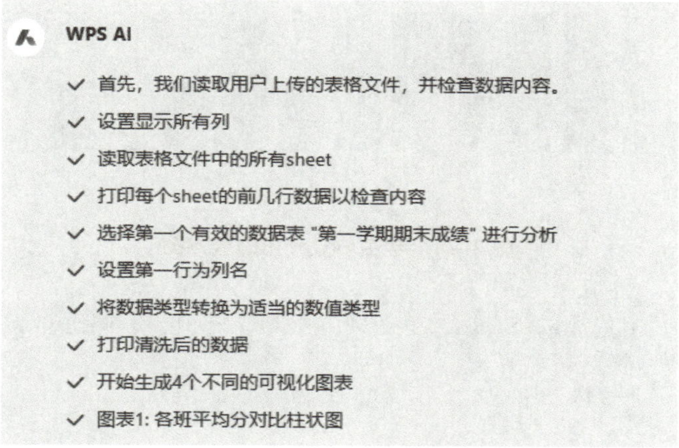

图 2–18　WPS AI 的数据分析过程

接下来，AI 就生成了各班平均分对比柱状图（见图 2–19）、学生总分分布的直方图（见图 2–20）、各科目平均分的对比折线图（见图 2–21）、不同班级的总分箱线图（见图 2–22）共 4 张图表。

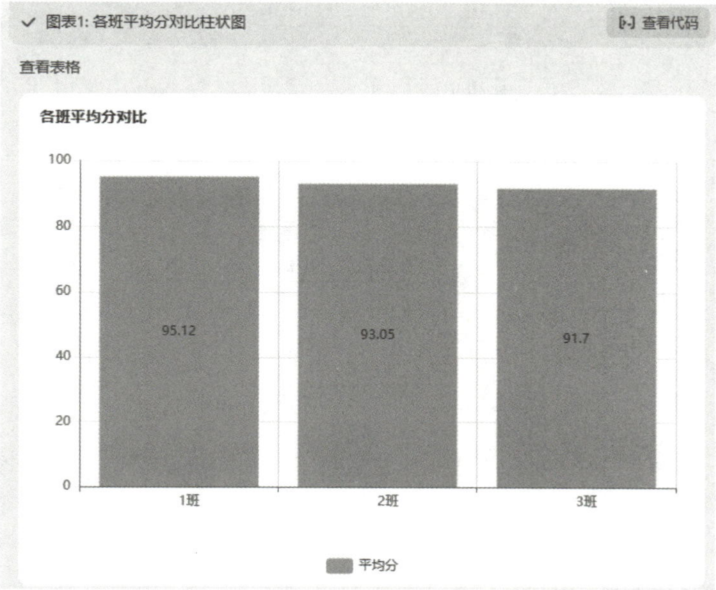

图 2–19　各班平均分对比柱状图

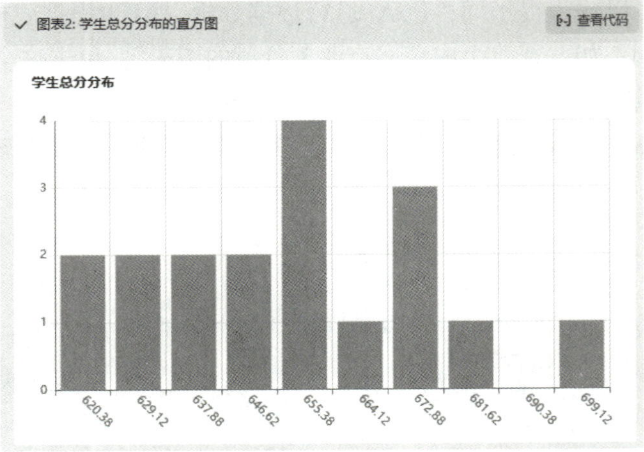

图 2-20　学生总分分布的直方图

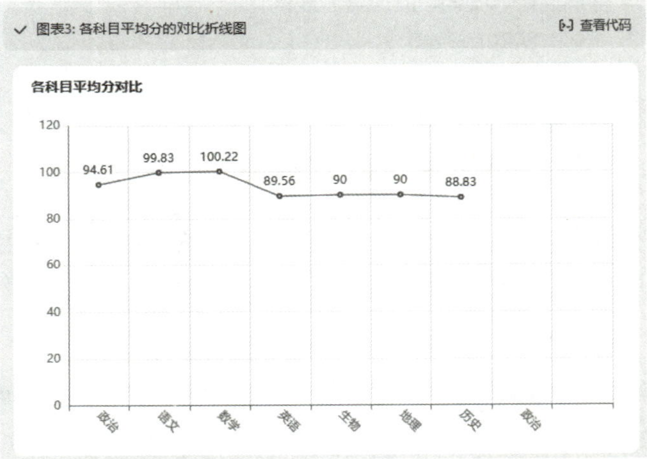

图 2-21　各科目平均分的对比折线图

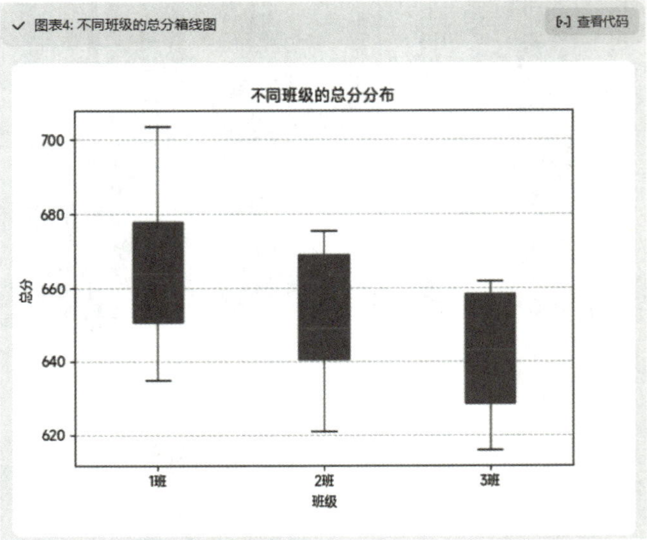

图 2-22　不同班级的总分箱线图

生成这些图表后，WPS AI 还继续提供了扩展的参考问题，如图 2-23 所示。

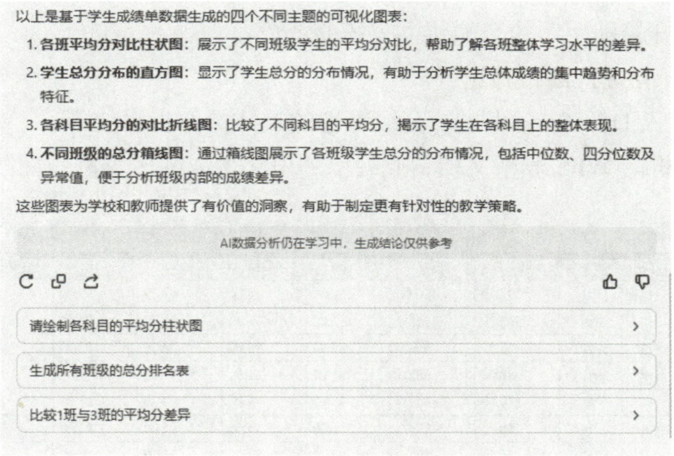

图 2-23　WPS AI 提供的扩展的参考问题

需要注意的是，每次执行后，AI 数据分析的结果都可能不同，扩展的参考问题也会有差异。

AI 数据分析还支持快速生成一份数据分析报告。单击图表结论左下方的“分享”按钮（见图 2-24）即可导出报告。AI 数据分析支持报告导出为智能文档和图片两种格式（见图 2-25）。

图 2-24　“分享”按钮

图 2-25　数据分析报告导出格式

AI 数据助手实现了数据处理、AI 写公式、AI 数据分析的集成，并且支持一键生成报告，极大降低了表格数据分析的操作门槛，让数据分析变得更加简捷和高效。

2.3.3　WPS 表格中接入 DeepSeek

WPS 的 AI 数据助手新增的深度思考能力堪称技术突破。该功能深度融合自然语言处理与知识图谱技术，可模拟专业分析师的思维模式，通过多轮对话式追问和逻辑关联推理，深度挖掘数据背后的业务洞察与潜在价值。其技术支撑源于集成的 DeepSeek 大模型，该模型凭借百亿级参数规模与跨模态理解能力，为传统数据分析工具带来革命性升级——不仅支持结构化数据处理，更可解析文本、图像等非结构化信息，构建起覆盖多模态数据的智能决策支持体系。

当前 WPS Office 已实现 DeepSeek 引擎的全模块贯通。用户在熟悉的文字、表格、演示组件中，可直接调用深度学习驱动的预测建模功能，涵盖智能公式推荐、数据透视表优化、动态图表生成等核心场景。这种深度集成使得专业级数据分析能力触手可及，用户无须编写代码调试或安装第三方插件，在常规办公界面中即可完成从数据清洗到洞察输出的全流程操作，真正实现了“开箱即用”的智能化办公体验。

1. 接入 DeepSeek 进行高级筛选

WPS 表格中接入 DeepSeek 来进行高级筛选的具体操作步骤如下。

（1）打开要分析的 WPS 表格文档，此处以一份学生成绩表为例，如图 2–26 所示。

学号	姓名	班级	姓别	语文	数学	英语	生物	地理	历史	政治	总分	平均分
C120101	刘於义	1班	男	97.50	106.00	108.00	98.00	99.00	99.00	96.00	703.50	100.50
C120104	任飞燕	1班	女	102.00	116.00	113.00	78.00	88.00	86.00	74.00	657.00	93.86
C120103	万震山	1班	男	95.00	85.00	99.00	98.00	92.00	92.00	88.00	649.00	92.71
C120105	林玉龙	1班	男	88.00	98.00	101.00	89.00	73.00	95.00	91.00	635.00	90.71
C120102	花剑影	1班	女	110.00	95.00	98.00	99.00	93.00	93.00	92.00	680.00	97.14
C120106	杨中慧	1班	女	90.00	111.00	116.00	75.00	95.00	93.00	95.00	675.00	96.43
C120203	卓天雄	2班	男	93.00	99.00	92.00	86.00	86.00	73.00	92.00	621.00	88.71
C120206	逍遥玲	2班	女	100.50	103.00	104.00	88.00	89.00	78.00	90.00	652.50	93.21
C120204	马钰	2班	男	95.50	92.00	96.00	84.00	95.00	91.00	92.00	645.50	92.21
C120201	袁冠南	2班	男	94.50	107.00	96.00	100.00	93.00	92.00	93.00	675.50	96.50
C120202	常长风	2班	男	86.00	107.00	89.00	88.00	92.00	88.00	89.00	639.00	91.29
C120205	盖一鸣	2班	女	103.50	105.00	105.00	93.00	93.00	90.00	86.00	675.50	96.50
C120305	萧半和	3班	男	91.50	89.00	94.00	92.00	91.00	86.00	86.00	629.50	89.93
C120301	周威信	3班	男	99.00	98.00	101.00	95.00	91.00	95.00	78.00	657.00	93.86
C120306	史仲俊	3班	男	101.00	94.00	99.00	90.00	87.00	95.00	93.00	659.00	94.14
C120302	徐霞客	3班	男	78.00	95.00	94.00	82.00	90.00	93.00	84.00	616.00	88.00
C120304	丁勉	3班	男	95.00	97.00	102.00	93.00	95.00	92.00	88.00	662.00	94.57
C120303	杜学江	3班	女	85.50	100.00	97.00	87.00	78.00	89.00	93.00	629.50	89.93

图 2–26　学生成绩表

（2）使用 DeepSeek 前，需要把文档的编辑模式修改成协作模式。单击 WPS 表格右上角的“分享”按钮，如图 2–27 所示。

（3）在打开的“协作”对话框中，打开“和他人一起查看 / 编辑”开关按钮，如图 2–28 所示，这时学生成绩表就转换成了智能表格。

图 2–27　“分享”按钮

图 2–28　打开“和他人一起查看 / 编辑”开关按钮

（4）单击“WPS AI”选项卡的“AI 数据分析”按钮，如图 2–29 所示。

（5）在表格右侧出现“AI 数据分析”窗格，窗格底部有 DeepSeek 的“深度思考”功能选项（见图 2–30）。从提示说明中可以看到，开启此功能后，WPS AI 将使用 DeepSeek-R1 模型生成结果。选中“深度思考”，接下来就可以像之前使用 AI 数据助手那样，通过提示词来进行表格数据分析了。

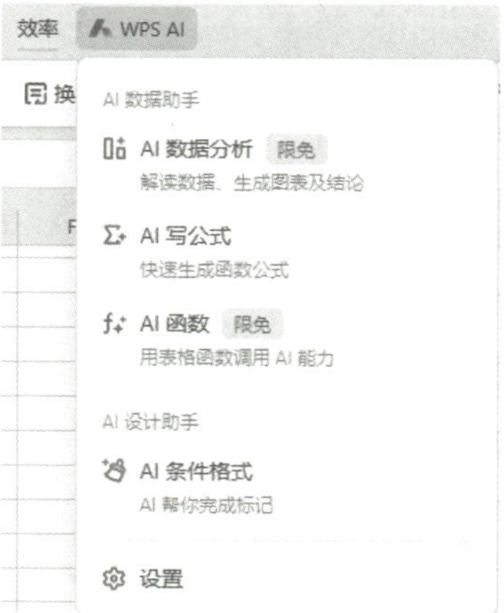

图 2–29 “AI 数据分析”按钮

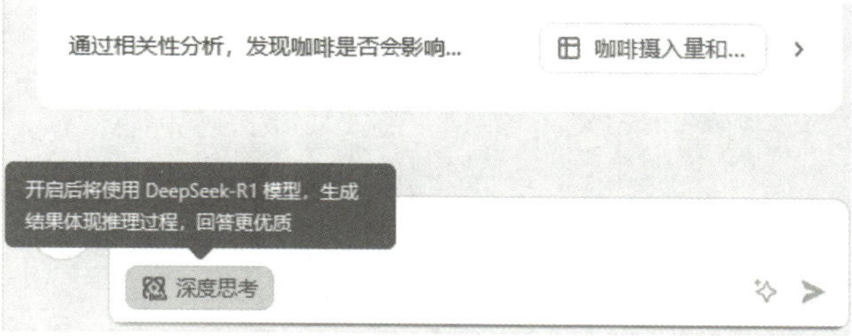

图 2–30 “深度思考”功能选项

（6）输入相应提示词，对学生成绩表进行高级筛选，如图 2–31 所示，经过深度思考，WPS AI 给出了结论，如图 2–32 所示。

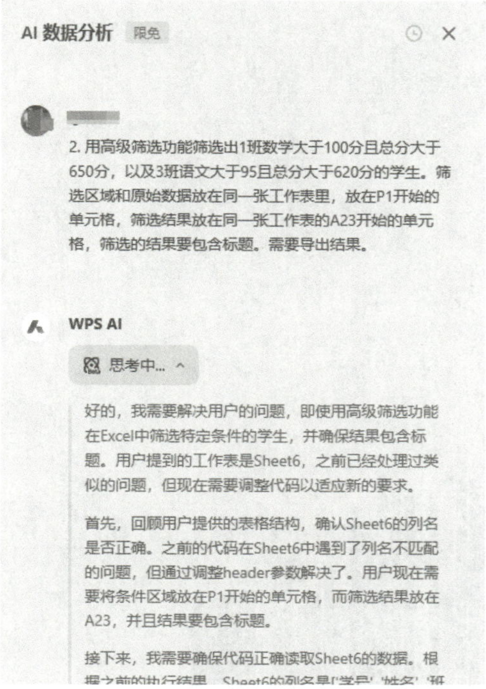

图 2–31 进行高级筛选

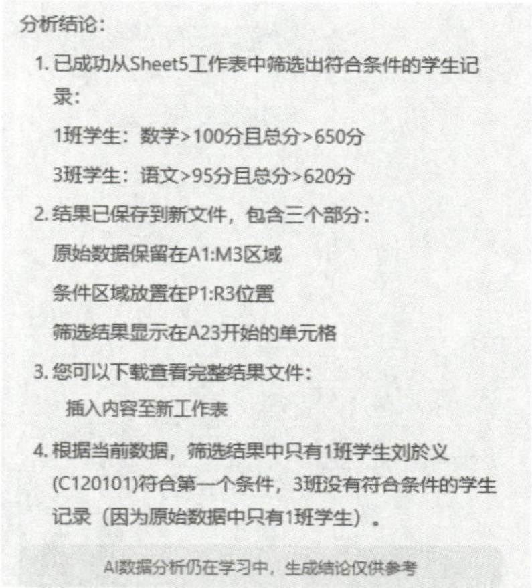

图 2–32 WPS AI 给出的结论

（7）单击“插入内容至新工作表”按钮，WPS 表格中就会生成一个新的工作表，里面包含生成的高级筛选结果，如图 2–33 所示。

学号	姓名	班级	姓别	语文	数学	英语	生物	地理	历史	政治	总分	平均分
C120101	刘於义	1班	男	97.5	106	108	98	99	99	96	703.5	100.5
C120104	任飞燕	1班	女	102	116	113	78	88	86	74	657	93.86
C120103	万震山	1班	男	95	85	99	98	92	92	88	649	92.71
C120105	林玉龙	1班	男	88	98	101	89	73	95	91	635	90.71
C120102	花剑影	1班	女	110	95	98	99	93	93	92	680	97.14
C120106	杨中慧	1班	女	90	111	116	75	95	93	95	675	96.43
C120203	卓天雄	2班	男	93	99	92	86	86	73	92	621	88.71
C120206	逍遥玲	2班	女	100.5	103	104	88	89	78	90	652.5	93.21
C120204	马钰	2班	男	95.5	92	96	84	95	91	92	645.5	92.21
C120201	袁冠南	2班	男	94.5	107	96	100	93	92	93	675.5	96.5
C120202	常长风	2班	男	86	107	89	88	92	88	89	639	91.29
C120205	盖一鸣	2班	女	103.5	105	105	93	93	90	86	675.5	96.5
C120305	萧半和	3班	男	91.5	89	94	92	91	86	86	629.5	89.93
C120301	周威信	3班	男	99	98	101	95	91	95	78	657	93.86
C120306	史仲俊	3班	男	101	94	99	90	87	95	93	659	94.14
C120302	徐霞客	3班	男	78	95	94	82	90	93	84	616	88
C120304	丁勉	3班	男	95	97	102	93	95	92	88	662	94.57
C120303	杜学江	3班	女	85.5	100	97	87	78	89	93	629.5	89.93

班级	数学	语文	总分
1班	>100		>650
3班		>95	>620

学号	姓名	班级	姓别	语文	数学	英语	生物	地理	历史	政治	总分	平均分
C120101	刘於义	1班	男	97.5	106	108	98	99	99	96	703.5	100.5
C120104	任飞燕	1班	女	102	116	113	78	88	86	74	657	93.86
C120106	杨中慧	1班	女	90	111	116	75	95	93	95	675	96.43
C120301	周威信	3班	男	99	98	101	95	91	95	78	657	93.86
C120306	史仲俊	3班	男	101	94	99	90	87	95	93	659	94.14

图 2–33　高级筛选结果

2. 接入 DeepSeek进行图表创建

类似地，可以利用接入 DeepSeek 的 WPS AI 根据表格数据创建图表，并进行进一步分析，使数据处理效率实现跨越式提升。例如，以学生成绩表为基础，使用接入 DeepSeek 的 WPS AI，不仅能高效完成学生个体学情解析，更能同步精准把握班级整体学情动态，如图 2–34～图 2–36 所示。

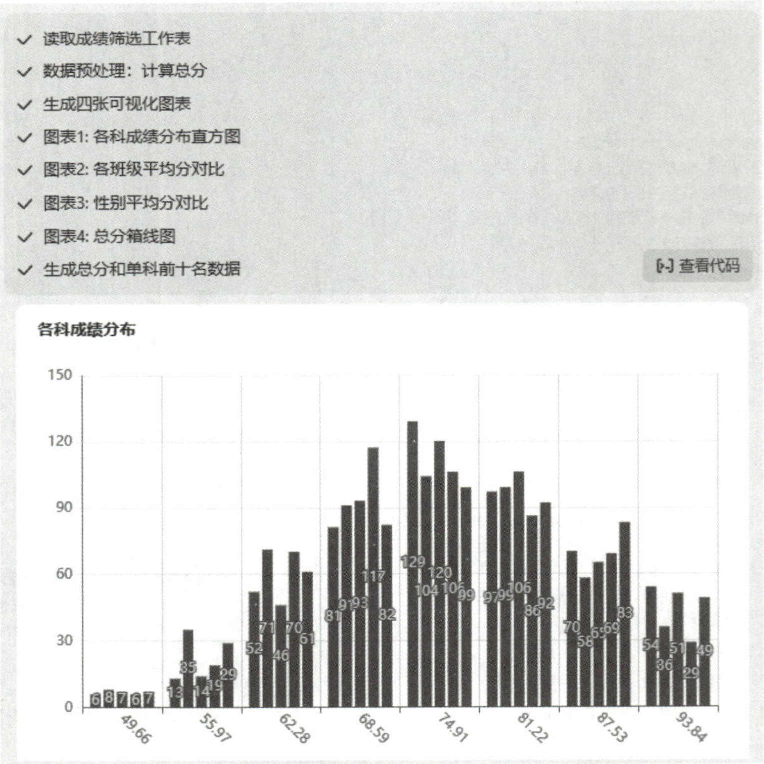

图 2–34　DeepSeek 生成的各科成绩分布直方图

根据数据分析结果，得出以下结论：

1. 成绩分布特征：

各科成绩分布显示大学英语和程序设计基础成绩分布较为集中，而高等数学和逻辑学成绩分布相对分散

总分箱线图显示大部分学生总分集中在380-420分之间，存在少量高分和低分异常值

2. 优秀学生表现：

总分前十名学生中，叶健(461分)、高飞翔(460.5分)和崔明(459分)位列前三

各科最高分获得者：高等数学(唐娟97分)、大学英语(韩慧娟98分)、逻辑学(韩飞翔98分)、应用文写作(陈建国98分)、程序设计基础(韩晓丽97分)

3. 班级和性别差异：

班级对比显示三班在程序设计基础表现最好(平均78.51分)，四班在大学英语表现最佳(平均76.66分)

性别对比显示男生在各科平均分上略高于女生，特别是在逻辑学(男77.75 vs 女76.73)和应用文写作(男76.05 vs 女75.06)上差异较明显

建议重点关注：

1. 大学英语成绩两极分化现象
2. 女生在逻辑学和应用文写作方面的提升空间
3. 各班级间的教学均衡性问题

AI数据分析仍在学习中，生成结论仅供参考

生成各科平均分的柱状图 ›

图 2-35 DeepSeek 给出的学情解析

AI 数据分析 限免

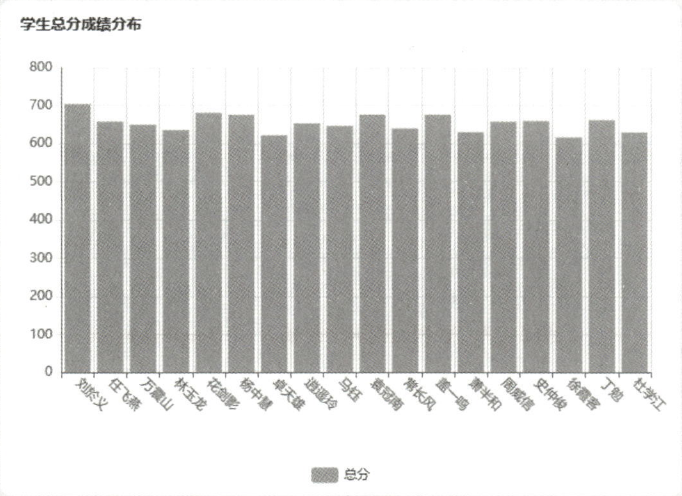

根据柱形图显示的学生总分成绩分布情况，可以得出以下结论：

1. 最高分学生是刘於义，总分703.5分
2. 最低分学生是徐霞客，总分616分
3. 成绩分布呈现明显的阶梯状，大部分学生集中在630-680分区间
4. 有4名学生(刘於义、花剑影、杨中慧、袁冠南)成绩超过680分，属于高分群体
5. 图表清晰展示了班级内学生成绩的对比情况，便于直观比较各学生表现

该可视化结果有效完成了总分成绩的对比展示需求。如需进一步分析特定分数段或进行其他维度的比

图 2-36 DeepSeek 给出的总分成绩的柱形图及相应的数据解读

2.4 WPS 灵 犀

WPS 灵犀是金山办公推出的 AI 智能助手，作为深度集成于 WPS 套件的智能中枢，其构建了涵盖 AI 联网搜索、文档解析、智能写作、内容总结、数据可视化及 PPT 生成等多维功能的一站式办公入口。通过与 DeepSeek 大模型的深度融合，该平台实现了办公效能的跨越式提升。

基于 DeepSeek 的语义理解与知识推理能力，WPS 灵犀创新打造智能办公双引擎架构：在文档创作场景中，系统可自动调用行业知识库生成结构化框架，并针对专业领域提供术语规范建议；制作 PPT 时，AI 能根据文本语义生成可视化图表，同步匹配设计规范库实现版式智能优化；面对数据分析需求，平台通过动态建模技术完成数据透视与趋势预判，将原始数据转化为交互式商业洞察报告。

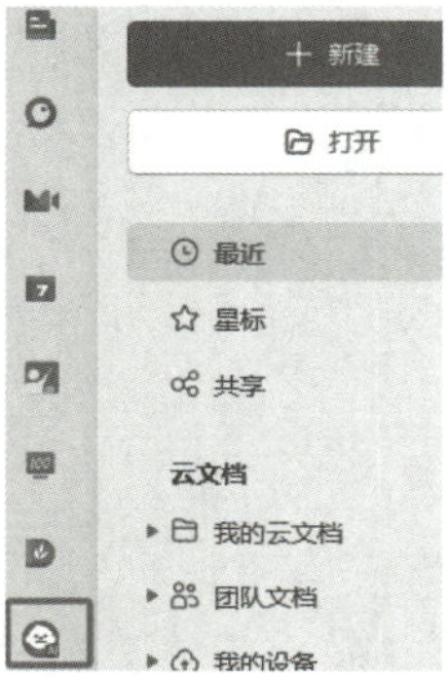

图 2–37　WPS 灵犀入口

这种技术融合不仅带来了操作效率的显著提升，更重构了传统办公模式——用户无须切换界面即可获得从内容生成到决策支持的全流程智能化服务，真正实现了“所想即所得”的办公体验升级。

WPS Office 左侧工具栏最下方的图标就是 WPS 灵犀的入口，如图 2–37 所示，单击它就可以打开 WPS 灵犀界面。

在 WPS 灵犀界面的输入框这里可以看到，WPS 灵犀已经接入了 DeepSeek-R1，如图 2–38 所示。单击“+”按钮，可以上传文件。上传文件后，就可以在输入框里输入提示词进行各种文件操作了。

图 2–38　WPS 灵犀已经接入了 DeepSeek-R1

2.4.1　WPS 灵犀分析表格数据

在传统办公软件应用场景中，用户若未借助 DeepSeek 与 WPS 灵犀等智能辅助工具，往往需要经历复杂的学习过程。具体而言，当面对电子表格中的销售数据汇总、财务报表分析等需求时，使用者必须系统掌握 VLOOKUP、SUMIF 等函数的语法结构，精确理解参数排列顺序（如查找值、数据表、列序数等要素），甚至需要反复调试公式嵌套关系。这种模式不仅要求用户熟悉各种函数的应用场景，还需耗费大量时间验证公式正确性，稍有不慎就会出现 #N/A 或 #VALUE ! 等报错提示。

如今通过 DeepSeek 智能模型的赋能，用户仅需通过自然语言描述需求（如“提取 B 列金额大于 5 万的客户名称”），系统即可自动解析语义并生成精准的公式代码，显著降低了操作门槛。

以图书销售数据管理为例，当需要在“销售情况”工作表中根据图书编号自动填充“单价”列时（数据关联关系存储于“图书定价”工作表），用户只需输入提示词：

使用函数根据图书编号匹配单价，对应关系存储在“图书定价”工作表中。

系统即可启动深度推理流程。

DeepSeek 首先会分析数据结构特征，默认优先生成 Python 代码实现方案（见图 2–39），得到的表格如图 2–40 所示。

```python

import pandas as pd

def fill_unit_price(sales_df, pricing_df):
    """使用映射函数填充图书单价"""
    # 创建图书编号到定价的字典映射
    price_mapping = pricing_df.set_index('图书编号')['定价'].to_dict()

    # 使用map函数进行匹配填充
    sales_df['单价'] = sales_df['图书编号'].map(price_mapping)
    return sales_df

# 读取数据（第二行为有效列头）
sales = pd.read_excel('/mnt/8913342286463098/Excel(1).xlsx', sheet_name='销售情况', header=1)
pricing = pd.read_excel('/mnt/8913342286463098/Excel(1).xlsx', sheet_name='图书定价', header=1)

# 执行填充
filled_sales = fill_unit_price(sales, pricing)

# 验证前3行结果
filled_sales[['订单编号', '图书编号', '图书名称', '单价']].head(3)
```

图 2–39 DeepSeek 优先生成 Python 代码实现方案

表格详情 ×

	订单编号	图书编号	图书名称	单价
1	BTW-08001	BK-83021	《计算机基础及MS Office应用》	36
2	BTW-08002	BK-83033	《嵌入式系统开发技术》	44
3	BTW-08003	BK-83034	《操作系统原理》	39

取消 复制

图 2–40 DeepSeek 生成的表格前 3 行

若用户明确要求使用电子表格函数，则需在提示词中补充说明，此时 DeepSeek 将提供 VLOOKUP 或 XLOOKUP 两种函数解决方案，如图 2–41 所示。两种函数均能实现跨表数据匹配，其中 XLOOKUP 函数在处理反向查找时具有更优表现。用户可将生成的公式直接复制到目标单元格（如 G3 单元格）中，如图 2–42 所示，最后使用填充柄填充该列其他单元格即可。

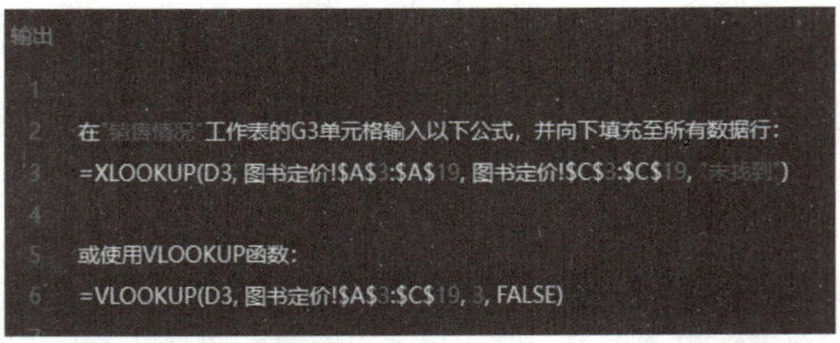

图 2–41　DeepSeek 给出的电子表格函数解决方案

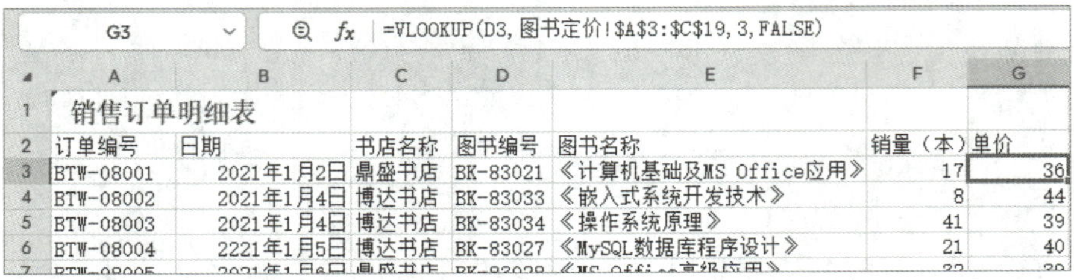

图 2–42　将生成的公式直接复制到目标单元格（如 G3 单元格）中

2.4.2　WPS 灵犀一键生成 PPT

WPS 灵犀为用户提供一键生成 PPT 功能，能自动为用户生成专业且美观的高质量 PPT，为用户节约了设计的时间。下面以 WPS 灵犀接入 DeepSeek 的配置方式一键生成 PPT 为例进行说明。

进入 WPS 灵犀界面，可以看到输入框上方有一个“生成 PPT”选项，如图 2–43 所示。

图 2–43　“生成 PPT”选项

选中“生成 PPT”选项，在输入框中输入提示词：

生成一份关于人工智能在医疗领域应用的 PPT，内容需包含人工智能在诊断、治疗、药物研发方面的应用案例，以及未来发展趋势单击“发送”按钮，WPS 灵犀自动根据刚才输入的提示词，用 DeepSeek 生成的内容（见图 2–44）生成大纲，如图 2–45 所示。

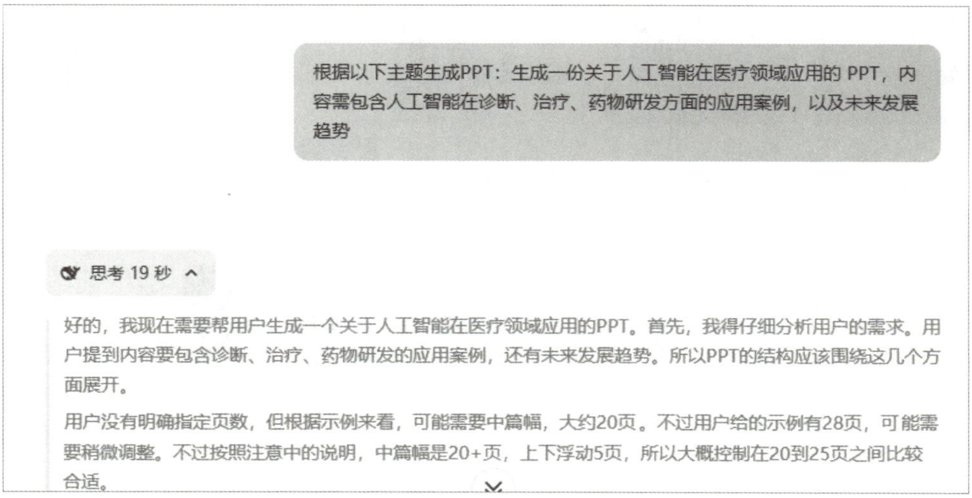

图 2–44　DeepSeek 生成的内容

图 2–45　生成大纲

生成大纲后，WPS 灵犀会引导用户选择一套合适的 PPT 模板（见图 2–46），选择好模板后，单击右上方的“生成 PPT”按钮，WPS 灵犀便开始依据选择的模板自动生成 PPT，生成结果如图 2–47 所示。

图 2–46 “选择模板生成 PPT”对话框

图 2–47 PPT 生成结果

单击右上角的“下载”按钮，可以将生成的 PPT 保存到本地硬盘上。如果还想进一步手动编辑细节，则可以单击“去 WPS 编辑”按钮，直接进入 WPS 演示，继续对 PPT 进行编辑和修改。

2.5 图片工具箱

WPS Office 在文字处理、表格制作、演示文稿三大基础办公组件领域已构建起成熟、完备的功能体系。伴随 AI 技术的深度融合，WPS 正通过 AI 持续驱动产品创新，精准契合数字化办公需求。在日常办公场景中，用户使用 WPS 处理文档资料可获得显著效率提升——

其内置的图片工具箱可系统解决办公场景中的图像处理需求，不仅支持裁剪、像素调整、格式转换等基础操作，更集成智能证件照处理、AI 背景消除、图像增强等智能化功能模块。配套的 PDF 工具箱则提供文档转换、电子签章、批量水印等专业解决方案，结合云文档的实时协作与跨平台同步能力，真正实现从文档创建、智能优化到多人协同的全流程数字化办公闭环。

图片工具箱的主界面如图 2–48 所示。接下来简单介绍图片工具箱的几个常用功能。

图 2–48　图片工具箱的主界面

2.5.1　AI 扩图

AI 扩图是基于深度学习算法的图像处理技术，其核心原理是通过智能分析原始图像的构图、色彩分布及纹理特征，在保持画面主体完整性的前提下，自动生成符合视觉逻辑的扩展内容。该技术融合边缘检测、语义分割与场景推理能力，可精准识别被裁切区域的关键元素并智能补全，或在原始画面边缘延展出符合透视关系的场景细节。在摄影后期、平面设计及数字艺术创作领域，用户仅需上传原始图片并设定扩展比例，系统即可实现像素级精度的智能填充，支持矩形扩展、自由形变等多种模式，并配备交互式画笔工具供用户手动优化生成区域。相较于传统修图软件的克隆印章技术，AI 扩图在内容生成的自然度、画面元素的协调性方面具有显著优势，能更自然地融合生成内容与原始画面。

例如，有如图 2–49 所示的一张室内陈设的图片，茶杯和绿植都只显示了一部分，现希望通过 AI 技术将画面补全。

图 2-49　AI 扩图原始图片

先右击图片文件，在“打开方式”中选择“WPS 图片”，如图 2-50 所示。

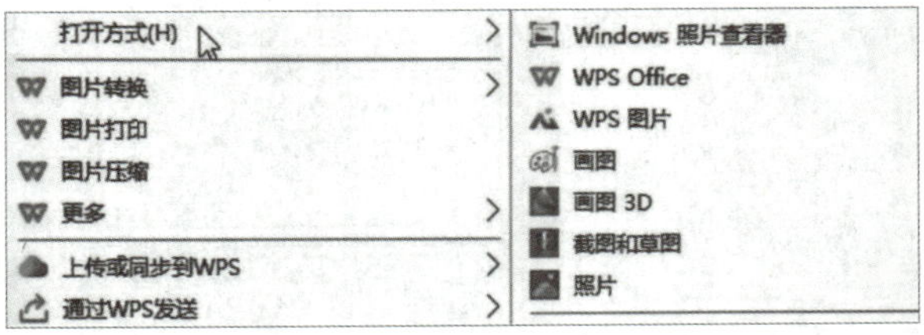

图 2-50　在“打开方式”中选择“WPS 图片”

然后在打开的窗口中，单击“工具箱”按钮（见图 2-51），打开图片工具箱。

图 2-51　“工具箱”按钮

再单击“AI 扩图”按钮，进入“AI 扩图”对话框，设置好画布比例和像素后，单击“立即生成”按钮即可。例如，选择“16∶9 视频封面（横）”，经过 AI 扩展的图片会实时呈现在预览区（见图 2-52）。若效果未达预期，可单击“重新编辑”按钮获取新方案。

图 2-52　AI 扩图结果

所有经由 AI 处理生成的图片，右下角均会嵌入艺术字体设计的“AI 生成”半透明水印标识，该标识不影响画面主体内容且支持后期手动去除。

2.5.2 魔法改图

魔法改图功能基于智能选区识别技术，可对图片指定区域实现精准编辑。用户通过套索或画笔工具框选目标区域后，系统将自动激活色相、饱和度调节模块，支持精细化改色操作，同时可调用内置素材库完成图案替换、纹理叠加等创意处理。该功能全面兼容 JPG、PNG、PSD 等主流图像格式，配备实时预览窗口与多级历史步骤回溯系统，特别适用于电商产品视觉优化、平面设计元素微调、摄影作品局部修复等场景。

依托 AI 边缘检测算法，系统可精准识别复杂轮廓边界，确保修改区域与原始画面实现自然过渡。针对批量处理需求，该功能支持同步编辑多张图片的相同区域，在保持专业级编辑精度的同时，显著提升设计工作流效率。这种技术架构既可满足专业设计师对细节把控的严苛要求，也能为普通用户提供便捷的快速美化解决方案。下面展示一个案例。

用 WPS 图片打开要修改的图片，并进入图片工具箱。单击“魔法改图”按钮，进入“魔法改图”窗口。在打开的窗口右侧选择编辑区域，使用“智能点选”功能选择编辑对象，如点选圆桌后就会出现一个“魔法改图”功能提供的工具栏，可以实现移除、变色、克隆、移动、替换、重绘等操作（见图 2–53）。

图 2–53 魔法改图功能提供的工具栏

单击“重绘”按钮，然后在“AI 重绘”对话框中输入提示词，如“桌子上放置一枝红色的玫瑰花”等具体指令（见图 2–54），然后单击“立即生成”按钮，系统通过云端算法会生成三张不同的效果图，单击其中一张，可在左侧放大查看（见图 2–55）。

图 2–54 重绘功能

图 2–55　重绘结果

2.6　WPS云文档

在团队协作项目中，多人协同编辑和版本控制功能发挥着至关重要的作用。WPS 文字的多人协同编辑功能允许多名团队成员在同一时间对同一文档进行在线编辑，无论他们身处何地，只要有网络连接，就能实时看到彼此的修改内容，实现高效的沟通与协作。

这两个特殊而智能的技巧充分利用了 WPS 云文档功能。通过将模板保存在云端，用户可以在任何设备上访问和编辑它们。这种方式不仅极大地方便了跨设备的文档管理，也保障了重要文件的安全性，避免了丢失风险。

2.6.1　多人协同编辑

通过 WPS 智能在线协作功能，用户可以邀请同事共同编辑同一份模板，这在团队项目中尤其有用。通过云端分享功能，团队成员可以实时看到他人的修改，避免了版本混乱的问题，从而提高了工作效率。

实现多人协同编辑的步骤如下。

（1）在 WPS Office 中打开需要编辑的文档后，单击右上角的“分享”按钮，打开“协作”对话框，打开“和他人一起查看 / 编辑”权限（见图 2–56），这里需要提前将文档保存为云文档。

（2）将链接权限设置为“任何人”，并根据需要选择权限操作为“可编辑”。

（3）复制链接发给团队群，这样收到链接的每个人都可以同时编辑这一文档了。

无论是 PC 端还是网页版，WPS 协作链接均支持通过浏览器直接编辑文档，用户无须安装客户端即可实现跨平台实时协同，所有修改内容均可即时同步呈现。当需要调整协作权限时，用户可通过 WPS Office 的“分享”按钮，随时灵活配置编辑权限等级或直接关闭协作链接。这种设计既保障了轻量化协作体验，又通过双重权限管理入口满足了不同场景下的操作便利性需求。

图 2–56　打开“和他人一起查看 / 编辑”权限

2.6.2　文档权限管理与任务分配跟踪

在团队协作场景中，文档权限管理与任务分配跟踪是保障工作流高效运转的关键环节。WPS 通过精细化权限控制体系与可视化任务追踪工具，为团队提供双重保障机制。

文档权限管理体系以角色权限分配为核心，支持团队管理员基于成员职责差异实施差异化管控。在 WPS 云文档空间内，针对商业机密文件，管理员可设定“仅查看 + 评论”权限，将编辑操作限定在指定人员范围内，同时通过操作日志实现修改轨迹全记录。而对于项目公告、团队规范等公共文档，则开放全员编辑权限，并保留版本历史对比功能，既保障信息共享效率，又避免内容篡改风险。这种多层级权限配置方案，在金融、法律等数据敏感型行业已形成典型应用案例。文档权限管理的具体设置可以通过打开“协作”对话框，在“高级设置”中进行，如图 2–57 所示。

图 2–57　在“高级设置”中进行文档权限管理

任务分配跟踪是团队协作中的核心管理环节。WPS Office 通过集成化的任务管理工具，构建了从任务拆解到进度监控的完整闭环。团队负责人可将项目目标细化为可执行的子任务，并通过待办事项系统实现精准派发。在任务分配阶段，系统支持设置优先级标签、截止时间节点及详细执行要求，确保成员清晰认知职责边界。执行层可通过待办列表实时查阅任务卡片，完成操作后勾选状态变更，形成可视化的工作流反馈。

图 2-58　为不同的成员设置相应的权限

在项目管理实践中，文档权限体系与任务追踪功能可产生协同效应。以市场营销项目为例，项目文档上传至 WPS 云空间后，负责人可为不同的成员设置相应的权限（见图 2-58）。例如，调研组成员获得编辑权限进行内容迭代，分析人员仅保留数据查阅权限，而外部顾问仅限评论权限。同时通过待办中心派发调研执行、数据建模、报告编撰三类任务，并配置甘特图式进度看板。这种双轨制管理架构使成员既能在权限边界内安全协作，又可通过任务看板实时同步工作节点，确保项目按计划推进。

通过 WPS 的文档权限管理和任务分配跟踪功能，团队可以实现更加高效、安全地协作。这不仅有助于提高团队的工作效率，还能增强团队成员之间的信任和合作，为项目的成功实施提供有力保障。

2.6.3　版本控制

图 2-59　查看文档的历史版本

WPS Office 还提供了版本控制功能，使得用户能够轻松管理文档的多个版本。当用户对文档进行修改时，保留原始版本的做法可以有效避免数据丢失和格式崩溃的风险。用户在需要回溯到某个特定版本时，可以方便地找到所需内容，确保工作流程的顺利进行。

WPS 文字的版本控制功能也为团队写作提供了有力保障。系统会自动保存文档的每一次修改记录，形成不同的版本。团队成员可以随时查看文档的历史版本，了解修改的过程和内容，并且可以根据需要恢复到之前的某个版本。这一功能有效地避免了因误操作或意见分歧导致的文档内容丢失或混乱，确保了团队协作的顺利进行。查看文档的历史版本可以通过单击窗口左上角的“文件操作”按钮实现，如图 2-59 所示。

在实际应用中，多人协同编辑和版本控制功能还可以与团队的项目管理流程相结合。例如，在项目启动阶段，团队可以创建一个共享文档，明确项目目标、任务分工和时间节点等信息。在项目执行过程中，团队成员可以通过协同编辑功能实时更新项目进展情况和遇到的问题，方便团队成员之间的沟通和协调。而版本控制功能则可以帮助团队回顾项目的发展历程，总结经验教训，为后续项目提供参考。

2.7 WPS 智能应用练习

2.7.1 WPS 文字练习

假设你是某市场调研机构的工作人员，现在要对已经撰写完成的电影行业分析报告进行排版。打开“电影行业分析报告 .docx”文件，完成以下操作并保存。

（1）设置“标题 1”样式的字号为三号，“标题 2”样式的字号为小三号，“标题 3”样式的字号为四号，“标题 4”样式的字号为小四号。

（2）为文档中全部字体颜色为红色的文本内容应用“标题 1”样式，绿色的文本内容应用“标题 2”样式，蓝色的文本内容应用“标题 3”样式，紫色的文本内容应用“标题 4”样式。

（3）在自定义多级编号列表中，设置级别 1 至级别 4 的编号格式依次为“第 1 章”“1.1”“1.1.1”“1.1.1.1”，并依次链接到“标题 1”“标题 2”“标题 3”“标题 4”样式，对齐位置全部为 0 cm，编号之后全部为空格。

（4）将文档中的换行符转为回车符，并删除全部的空格和空段。

（5）设置应用“正文”样式的全部文本内容的段落缩进为文本之前 0 字符，首行缩进 2 字符，段前、段后间距为 0.5 行，行距为单倍行距。

（6）根据大纲级别设置文档分节，以便每一个“级别 1”的全部文本内容都位于独立的节中，且从新的一页开始。

（7）为文档添加页眉，要求如下：先插入段落编号，再插入样式引用域，样式名全部引用“标题 1”，二者之间用空格分隔，格式为居中对齐。

具体步骤如下。

（1）单击“开始”选项卡，然后单击“预设样式”下拉按钮，右击“标题 1”样式并选择“修改样式”；在“修改样式”对话框中单击“格式”下拉按钮，选择“字体”，设置“字号”为“三号”，依次单击“确定”按钮保存设置。利用同样的方法，分别设置“标题 2”样式的字号为小三号，“标题 3”样式的字号为“四号”，“标题 4”样式的字号为小四号。

（2）选中文档中字体颜色为红色的文本内容“行业概况”，单击“开始”选项卡，单击“选择”下拉按钮，选择“选择格式相似的文本”，然后在样式栏中单击“标题 1”样式。选中文档中字体颜色为绿色的文本内容“电影行业的定义”，单击“开始”选项卡，单击“选择”下拉按钮，选择“选择格式相似的文本”，然后在样式栏中单击“标题 2”样式。选中文档中字体颜色为蓝色的文本内容“两种不同类型大片并存”，单击“开始”选项卡，单击“选择”下拉按钮，选择“选择格式相似的文本”，然后在样式栏中单击“标题3”样式。选中文档中字体颜色为紫色的文本内容“发行模式不断创新”，单击“开始”选项卡，单击“选择”下拉按钮，选择“选择格式相似的文本”，然后在样式栏中单击“标题4”样式。

（3）单击“开始”选项卡，单击“编号”下拉按钮，选择“自定义编号”，在打开的对话框中选择“多级编号”选项卡，选中第二行最后一个样式，单击“自定义”按钮，打开“自定义多级编号列表”对话框。在“级别”栏中选择“1”，在“编号格式”编辑框中于“①”前输入“第”，于“①”后输入“章”，并删除最后的符号“.”；单击“高级”按钮，在“编号位置”区域的“对齐位置”输入框中输入“0”，在“编号之后”下拉列表中选择“空格”。在“级别”栏中选择“2”，在“编号格式”编辑框中删除最后的符号“.”；单击“高级”按钮，在“编号位置”区域的“对齐位置”输入框中输入“0”，在“编号之后”下拉列表中选择“空格”。在“级别”栏中选择“3”，在“编号格式”编辑框中删除最后的符号“.”；单击“高级”按钮，在“编号位置”区域的“对齐位置”输入框中输入“0”，在“编号之后”下拉列表中选择“空格”。在“级别”栏中选择“4”，在“编号格式”编辑框中删除最后的符号“.”；单击“高级”按钮，在“编号位置”区域的“对齐位置”输入框中输入“0”，在“编号之后”下拉列表中选择“空格”。完成以上操作后依次单击“确定”按钮保存设置。

（4）单击“开始”选项卡，单击“排版”下拉按钮，选择“更多段落处理”→“换行符转为回车”。单击“排版”下拉按钮，选择“删除”→“删除空格”。 单击“排版”下拉按钮，选择“删除”→“删除空段”。

（5）选中文档中任意应用“正文”样式的文本内容，单击“开始”选项卡，单击“选择”下拉按钮，选择“选择格式相似的文本”，右击被选中的文本内容并选择“段落”，打开“段落”对话框。在“缩进”区域，于“文本之前”输入框中输入“0”，在“单位”下拉列表中选择“字符”，在“特殊格式”下拉列表中选择“首行缩进”，在“度量值”输入框中输入“2”，在“单位”下拉列表中选择“字符”；在“间距”区域，于“段前”输入框中输入“0.5”，在“单位”下拉列表中选择“行”，于“段后”输入框中输入“0.5”，在“单位”下拉列表中选择“行”，在“行距”下拉列表中选择“单倍行距”。完成以上操作后单击“确定”按钮保存设置。

（6）单击“视图”选项卡，单击“大纲”，切换至大纲视图。在“大纲”选项卡的“显示级别”下拉列表中选择“显示级别 1”。单击文本内容“第 2 章”后的位置，单击“页面”选项卡，单击“分隔符”下拉按钮，选择“下一页分节符”。利用同样的方法在“第 3 章”“第 4 章”“第 5 章”后插入分页符。最后单击“大纲”选项卡中的“关闭”按钮。

（7）单击“插入”选项卡，单击“页眉页脚”按钮，在“页眉页脚”选项卡中单击“页眉”下拉按钮，选择“编辑页眉”。在页眉编辑状态下单击“插入”选项卡，单击“文档部件”下拉按钮，选择“域”，打开“域”对话框。在“域名”列表中选择“样式引用”，在“样式名”下拉列表中选择“标题 1”，勾选“插入段落编号”复选框，单击“确定”按钮。在页眉位置自动生成的文本内容“第 1 章”后输入一个空格，再次打开“域”对话框，在

“域名”列表中选择“样式引用”，在“样式名”下拉列表中选择“标题 1”，其他选项保持默认设置，单击“确定”按钮。

以上步骤详细描述了从样式修改到文档格式化的全过程，适用于学术或专业文档的标准化编排。

2.7.2 WPS 表格练习

假设你在某企业分管物流部门与销售部门，现在需要对库存销售数据做分析。打开“库存销售数据 .xlsx”文件，在“库存销售数据”工作表中，完成以下操作，并保存文件。

（1）在 H1 单元格中输入“是否预期送货”，并设置 H 列的数字格式为“常规”。

（2）在 H2 单元格中，使用 IF 函数和 NETWORKDAYS 函数组合计算 F 列和 G 列的数据（排除周末日期），开始日期为“实际送货日期”，终止日期为“预计送货日期”，若结果大于等于 0，则显示“是”，否则显示“否”，将公式填充至数据区域最后一行，不带格式填充。

（3）在 I2 单元格中，使用 MONTH 函数提取“实际送货日期”列中的月份，并填充至数据区域最后一行，不带格式填充。

（4）在 J2 单元格中，使用 CEILING 函数计算“月份”列中的数据，根据“月份”列中的数据计算出对应的季度，计算结果应显示为“第 X 季度”（X 表示数字），并填充至数据区域最后一行，不带格式填充。

（5）删除“客户名称”列中的数字，只保留中文客户名称，方法不限。

（6）在 Q2 单元格中，使用多重嵌套的 IF 函数，判断“客户省份”列中的数据，如果是“北京”“天津”“上海”“重庆”，则对应显示为“北京市”“天津市”“上海市”“重庆市”字样，否则显示为“× × 省”（如“甘肃省”）等字样，填充至该列最后一行，不带格式填充（假设表中只包含直辖市和省）。

（7）设置“库存销售数据分析”工作表 A12 单元格的数据有效性，序列来源于 A2：A9 单元格区域，显示“湖北”。

（8）在 A18 单元格中，使用 OFFSET、MATCH 函数实现数据查询，偏移行引用 A12 单元格，公式向右填充至 M18 单元格。

（9）根据 A16：M18 单元格区域中的数据插入折线图，应用“图表样式 6”，设置图表标题为“省份销售对比图”，并取消图表元素“数据表”。

（10）设置图表横向坐标轴与纵向坐标轴的字号为 10 磅，图表标题字号为 18 磅。

具体步骤如下。

（1）在“库存销售数据”工作表中，首先单击 H1 单元格，输入“是否预期送货”。接着右击 H 列列标，选择“设置单元格格式”，在打开的对话框中选择“数字”选项卡，在“分类”列表中选择“常规”格式，最后单击“确定”按钮完成设置。

（2）单击 H2 单元格，输入公式“=IF(NETWORKDAYS(G2,F2)>=0,"是","否")”，然后双击该单元格右下角的填充柄实现公式自动填充，在出现的“自动填充选项”下拉菜单中选择“不带格式填充”。

（3）单击 I2 单元格，输入公式“=MONTH（G2）”，双击填充柄进行自动填充，同样在“自动填充选项”下拉菜单中选择“不带格式填充”。

（4）在 J2 单元格中输入公式“="第"&CEILING（I2/3,1）&"季度"”，通过双击填充柄完成填充，并在“自动填充选项”下拉菜单中选择“不带格式填充”。

（5）选中“库存销售数据”工作表的 O 列，单击“数据”选项卡中的“分列”下拉按钮，选择“智能分列”。在分列向导中单击“下一步”按钮，将“分列结果显示在”设置为“=库存销售数据!T1”，单击“完成”按钮确认分列结果。单击 O2 单元格，输入合并公式“=T2&V2”，双击填充柄实现自动填充，在“自动填充选项”下拉菜单中选择“不带格式填充”。选中 O 列，按 Ctrl+C 组合键复制，右击 O 列，选择“粘贴为数值”。选中 T、U、V 三列，右击，选择“删除”。

（6）单击 Q2 单元格，输入公式“=IF（P2="北京",P2&"市",IF（P2="天津",P2&“市”,IF（P2="上海",P2&"市",IF（P2="重庆",P2&"市",P2&"省"））））”，特别注意每个引号和括号的完整性。双击填充柄完成公式填充，在出现的“自动填充选项”下拉菜单中选择“不带格式填充”，确保格式统一。

（7）在“库存销售数据分析”工作表中，先单击 A12 单元格，通过“数据”→“有效性”→“有效性”路径打开“数据有效性”对话框。在“有效性条件”的“允许”下拉列表中选择“序列”，在“来源”输入框中输入“=A2：A9”，单击“确定”按钮保存设置。最后再次单击 A12 单元格，从新生成的下拉列表中选择“湖北”作为默认值。

（8）在 A18 单元格中输入公式“=OFFSET（A1,MATCH（A12,A2：A9,0）,0）”，特别注意绝对引用符号的使用。然后按住鼠标左键向右拖动填充柄，直至 M18 单元格释放，确保公式正确填充到目标区域。

（9）选中 A16：M18 单元格区域，单击“插入”选项卡的“图表”按钮，打开“图表”对话框，选择“折线图”，在右侧单击“插入预设图表”。选中插入的图表，单击“图表工具”选项卡中的“预设样式”下拉按钮，选择“样式 6”，双击图表标题位置，输入“省份销售对比图”，单击图表右上方的图表元素按钮，取消勾选“数据表”复选框。

（10）选中图表的横向坐标轴，单击“开始”选项卡，在“字号”下拉列表中选择“10”；选中纵向坐标轴，单击“开始”选项卡，在“字号”下拉列表中选择“10”；选中图表标题，单击“开始”选项卡，在“字号”下拉列表中选择“18”。

2.7.3 WPS 演示练习

假设你是某银行负责人，现在要制作 PPT 进行述职报告。打开“青年文明号.pptx”文件，完成以下操作后保存。

（1）在第 1 张幻灯片中，将考生文件夹中的音频文件“背景音乐.mp3”嵌入幻灯片。

（2）将第 1 张幻灯片中的音频文件拖曳到幻灯片编辑区外，并设置该音频为循环播放。

（3）在第 3 张幻灯片中，为“青春文明号”所在的文本框插入超链接，链接到第 8 张幻灯片。

（4）新建自定义放映，名称为“叠彩区分行汇报”，仅包含第 1、第 2 和第 10 张幻灯片。

（5）在第 12 张幻灯片中，通过“选择”窗格删除对象名称为“图片 20”“图片 16”“图片 17”的 3 个图片对象。

（6）在第 14 张幻灯片中，为全部图片对象添加进入动画效果“随机线条”，设置为与上一动画同时开始，方向为水平，速度为 0.5 s。

（7）设置最后 1 张幻灯片的切换效果为“平滑”。

具体步骤如下。

（1）选中第 1 张幻灯片，单击“插入”选项卡中的“音频”下拉按钮，选择“嵌入音频”。在打开的“插入音频”对话框中，找到“背景音乐 .mp3”文件，选中后单击“打开”按钮完成音频插入。

（2）选中第 1 张幻灯片，选中已插入的“背景音乐 .mp3”音频对象（对象名显示为“背景音乐”），将其拖动至幻灯片编辑区域外放置。接着单击“音频工具”选项卡，勾选“循环播放，直至停止”复选框确保背景音乐持续播放。

（3）选中第 3 张幻灯片文本内容“青春文明号”所在的文本框（注意不要选中组合对象或者背景图形对象）并右击，选择“超链接”，在打开的对话框中选择“本文档中的位置”，再选择“8. 幻灯片 8”作为链接目标，最后单击“确定”按钮完成设置。

（4）单击“放映”选项卡中的“自定义放映”，在打开的对话框中单击“新建”按钮。在“定义自定义放映”对话框中，将“幻灯片放映名称”修改为“叠彩区分行汇报”，按住 Ctrl 键，同时选中“1. 幻灯片 1”、“2. 幻灯片 2”和“10. 幻灯片 10”3 张幻灯片，单击“添加”按钮后，依次单击“确定”和“关闭”按钮完成自定义放映设置。

（5）选中演示文稿中的第 12 张幻灯片，单击“开始”选项卡中的“选择”下拉按钮，选择“选择窗格”。按住 Ctrl 键，同时在打开的“选择”窗格中选中“图片 20”、“图片 16”和“图片 17”3 个图片对象，按下 Delete 键将选中的图片对象从幻灯片中删除。

（6）选中演示文稿中的第 14 张幻灯片，单击“开始”选项卡中的“选择”下拉按钮，选择“选择窗格”。在打开的“选择”窗格中，单击“本页的对象”下方的“所有对象”下拉按钮，在“图片”右侧选择“仅选此项”筛选条件。按住 Ctrl 键同时选中“选择”窗格中显示的全部图片对象。切换至“动画”选项卡，单击“预设动画效果”下拉按钮，在“进入”→“基本型”动画效果中选择“随机线条”效果。接着单击“动画窗格”按钮打开“动画”窗格，按住 Ctrl 键同时选中所有图片对象的动画效果，将“开始”设置为“与上一动画同时”，“方向”设置为“水平”，“速度”设置为“非常快（0.5 秒）”。

（7）选中最后一张幻灯片，单击“切换”选项卡中的“预设切换效果”下拉按钮，选择“平滑”切换效果完成设置。

2.7.4 图片工具箱练习

使用图片工具箱的“AI 写真”功能，为自己的照片变装。也可尝试其他工具箱中的功能。

具体步骤略。

第 3 章 提示词工程入门

3.1 理解对话机制：提示词如何影响 AI 输出

3.1.1 提示词的定义

提示词（prompt）是用户向 AI 大语言模型输入的文本指令或问题，其本质是构建人机交互的语义接口。作为控制 AI 输出质量与方向的核心工具，提示词通过结构化语言将人类需求转化为机器可理解的输入信号。这种文本交互模式不仅承载着信息传递功能，更体现了用户对 AI 认知能力的引导意图。

3.1.2 基于提示词的 AI 文本生成机制

大语言模型的文本生成机制本质上是基于模式识别与概率推演的双重过程。其运作逻辑可类比为：通过海量文本数据训练，使计算机掌握人类语言规律，进而根据输入内容推演出概率最优的延续文本。模型通过分析互联网文本，构建起词语、句法、语义的三维关联网络，最终实现“给定上半句，生成下半句”的创作能力。

现代大语言模型的架构基石是 Transformer 神经网络。这种深度学习模型通过自注意力机制（self-attention）解析文本中词语的动态关联：当模型处理“猫”这个字时，会同步激活“尾巴”“抓老鼠”等相关语义特征，如同人类在阅读时自动建立概念关联。这种机制使模型超越了简单的词语匹配，能够理解“小米”在科技语境中指代公司，在粮食语境中代表食物的语境差异。

模型的训练过程包含两个关键阶段：预训练与微调。在预训练阶段，模型通过海量文本完成基础语言建模——采用类似完形填空的方式，遮蔽文本中的部分片段（如“北京是中国的____”），迫使模型建立“中国首都”与“北京”的强关联。这个过程需要处理相当于数百万册图书的文本数据，从而形成涵盖词汇、语法、常识的立体知识图谱。进入微调阶段后，模型会针对特定任务进行专项优化，如同让通识学者精专某个领域：既可培养诗歌创作能力，也可训练代码编写技能，最终在通用知识底座上生长出专业能力分支。

文本生成时，模型执行精密的数学运算：首先将输入的提示词转化为包含语义信息的数字向量（词嵌入），并记录每个字符的位置编码。例如，“我喜欢”会被解析为“我（位置 1）+ 喜（位置 2）+ 欢（位置 3）”的数值矩阵。随后，多层神经网络计算每个候选接续词的概率分布——当输入“天空飘着”时，模型可能生成“白云”（80%）、“气球”（15%）、“塑料袋”（5%）的候选列表。这里的温度（temperature）参数控制着生成策略：高温度值下可能选中“塑料袋”制造意外表达，低温度值下则优先输出“白云”这类常规搭配，这种设计使模型能在创意写作与严谨回复间灵活切换。

3.1.3 提示词对 AI 输出的影响

提示词作为人机交互的语义载体，其形式设计直接影响 AI 的输出质量。从技术实现上看，AI 模型通过深度神经网络构建语言生成的概率空间，但输出结果完全依赖于提示词构建的约束边界。当用户输入提示词后，AI 模型将执行以下三个步骤。

（1）语义解析：借助 BERT 等预训练模型提取关键词簇与语境特征向量。

（2）意图理解：通过 Transformer 架构建立跨句子的语义关联图谱，将自然语言指令转化为结构化任务参数。

（3）知识检索：在向量数据库中激活相关领域知识模块，如调用商务文风写作规范或医学知识图谱。

这种技术架构决定了提示词质量对输出结果的决定性影响。以医疗科普文章生成任务为例，精确指令“撰写 800 字人工智能医疗应用科普文，要求语言通俗，包含影像诊断、药物研发两个案例”包含四大要素：主题限定（医疗应用）、体裁规范（科普文）、内容边界（两个案例）、风格约束（语言通俗）。这种结构化输入使 AI 能够准确调用医学知识图谱与科普写作模板，生成符合专业性与可读性双重标准的内容。反之，模糊提示词会导致语义解析偏差。若指令仅写为“介绍 AI 医疗”，模型可能生成涵盖技术原理、伦理争议、产业格局等的宽泛内容，无法满足特定场景需求。因为当指令缺乏针对性时，模型在语义解析阶段易出现特征提取偏差，导致知识检索范围扩大化。

一般来讲，良好的提示词应该起到以下作用。

1. 精准引导输出

提示词能够帮助模型明确用户期望的任务类型和目标，不同的提示词会使输出的精准度产生显著差异，可以通过表 3-1 所示案例直观感受。

表 3-1　提示词精准引导输出案例

提示词	输出情况	精准度分析
“介绍苹果”	AI 可能会泛泛而谈，提及苹果的基本信息、营养价值等多方面内容，但缺乏针对性	精准度较低，未明确具体介绍方向
“介绍苹果在手机市场的地位和发展历程”	AI 会聚焦于苹果手机，详细阐述其在市场中的份额、竞争优势以及从初代到最新款的发展过程	精准度高，明确了任务类型和目标

2. 设定输出风格与格式

提示词可以指定模型生成内容的风格与格式。在不同的写作场景中，通过合理设置提示词能实现相应要求。

在商务报告场景中，若提示词为“以正式、严谨的风格撰写一份关于公司上季度销售业绩的报告，格式为总分总，先概述整体业绩情况，再分产品详细分析，最后总结成果与不足”，大语言模型会生成一份条理清晰、用词规范的商务报告。

在社交媒体文案场景中，使用提示词“创作一条轻松、活泼的文案宣传新推出的甜品，使用网络流行语”，大语言模型则会输出符合当下网络风格、能吸引大众关注的宣传文案。

3. 控制输出长度与细节

用户可以通过提示词控制生成内容的长度和详细程度。若希望内容简洁明了，可使用类似“用 100 字概括人工智能的发展现状”的提示词，AI 会提炼关键信息，给出简洁的回答。若需要详细深入的内容，提示词可以设置为“详细阐述人工智能在医疗影像诊断中的应用，包括原理、优势、挑战以及未来发展趋势，字数在 1 000 左右”，这样 AI 会全面且细致地进行阐述，避免输出过于简略或烦琐的情况发生。

3.2　提示词设计方法与常见提示技术

提示词工程是通过结构化设计输入指令，引导生成式 AI 模型输出预期结果的技术体系。其核心在于构建高效能的提示词，使模型准确理解并满足用户需求。这项工程实践涵盖提示词的设计优化、效果验证与迭代升级等环节，本质是通过精细化指令设计提升模型输出质量与任务适配性。

在 AI 领域，提示词工程扮演着神经语言模型“对话导航仪”的角色。它通过预设语义路径引导模型生成符合用户意图的输出，实现无须调整模型权重即可完成多样化任务的目标。这种技术架构特别适用于需要快速适配新场景的落地应用，例如将通用聊天模型转化为专业领域问答系统。

提示词工程的方法多种多样，各有优势，可以根据不同的任务需求和模型特性选择合适的技术来引导模型生成更优质的输出。下面介绍几种常见的提示词工程方法。

3.2.1　零样本提示和少样本提示

零样本提示（zero-shot prompting）和少样本提示是大语言模型应用中的两种核心技术，它们通过不同的方式引导模型完成任务。

零样本提示是一种无须示例输入，直接通过自然语言指令引导模型执行任务的提示技术。该技术依赖于模型预训练获得的知识储备及自然语言理解能力，主要适用于以下场景：涉及简单、明确指令的开放式任务（如文本分类、内容摘要），需要快速验证模型基础能力的情况，以及用户无法提供示例时的通用型需求（如机器翻译、问答系统）。

例如，输入提示词：

请将以下文本分类为积极、中性或消极：“这部电影的视觉效果令人惊叹，但剧情拖沓。”

输出如图 3–1 所示。

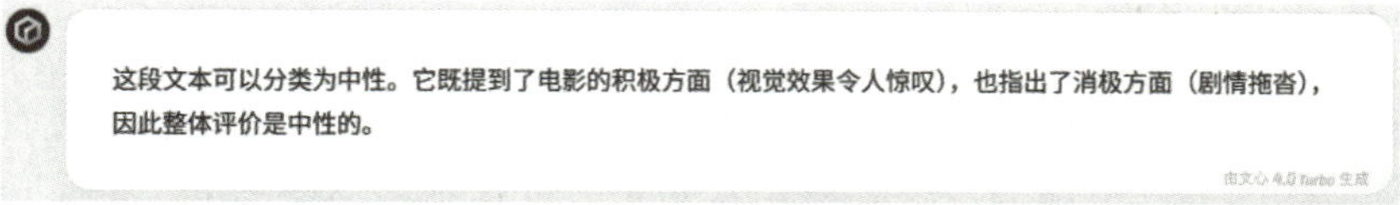

图 3–1　零样本提示的回复

零样本提示的优势：①不必提供示例数据，开发成本低；②适合处理广泛类型的任务；③输出结果更自然，无事理偏见。

零样本提示的局限：①在复杂任务中容易产生错误；②对于提示的表述敏感度高；③无法控制输出格式细节。

零样本提示的优化技巧：①使用结构化指令（明确步骤、格式要求）；②添加逻辑约束（如“若不确定请回答‘未知’”）；③分步拆解复杂任务（链式提示）。

少样本提示是一种通过在提示中提供一个或多个示例来引导模型生成特定结构或模式的输出的提示技术。少样本提示通过示例，为模型提供学习范例，向模型展示用户期望的答案形式。应用场景包括：需要特定格式输出的任务（如 JSON 生成）；包含隐含逻辑的复杂推理；专业术语或特殊表达需求。

例如，输入提示词：

输入：分析“苹果”的词性。输出：{" 名词 ": 2,"动词 ":0}，（解释：作为水果和公司时为名词；常规语境下不作为动词）。

根据以上例子分析“打”的词性。

输出如图 3–2 所示。

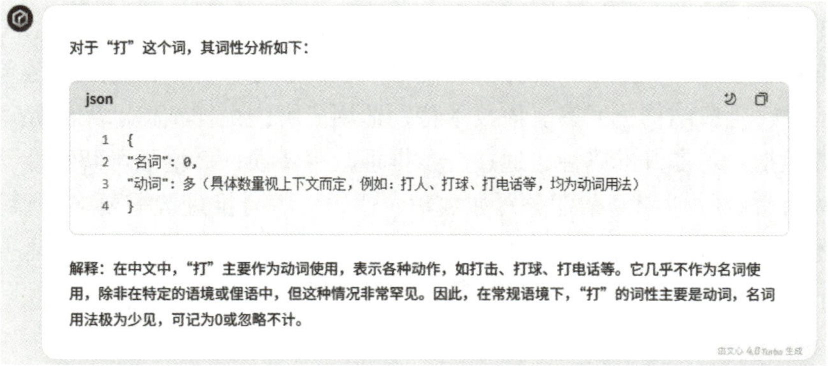

图 3–2　少样本提示的回复

少样本提示技术的优势：①显著提升复杂任务的准确率；②精确控制输出格式；③可传递隐性领域知识。

少样本提示技术的局限：①示例质量直接影响效果；②可能产生过拟合（机械复制示例模式）；③增加字词片段（token）消耗成本。

少样本提示技术的优化技巧：①示例覆盖多种场景（避免单一模式）；②添加注释说明（解释示例逻辑）；③动态示例选择（根据输入匹配最相关示例）。

3.2.2 链式思考提示

链式思考提示的主要思想是通过引导大语言模型逐步输出中间推理步骤，从而提升其在复杂推理任务中的表现。该技术将复杂问题分解为一系列简单的子问题，要求模型按顺序解决每个子问题，最终得出完整答案。其核心在于通过显式的推理过程增强模型的可解释性和准确性。

例如，一个数学推理任务的问题是：Alice、Bob 和 Charlie 3 人共有 15 个苹果。Alice 比 Bob 多 3 个苹果，Charlie 拥有的苹果个数是 Bob 的 2 倍。每个人各有多少个苹果？

使用传统提示技术（无 CoT）输入提示词：Alice、Bob 和 Charlie 3 人共有 15 个苹果。Alice 比 Bob 多 3 个苹果，Charlie 拥有的苹果个数是 Bob 的 2 倍。每个人各有多少个苹果？

模型可能直接给出答案（如 Alice 有 6 个苹果，Bob 有 3 个苹果，Charlie 有 6 个苹果），但无法展示推理过程，且容易出错。

若使用链式思考提示，则提示词依次如下：

假设 Bob 有 x 个苹果，那么 Alice 有多少个苹果？

Charlie 的苹果数是 Bob 的 2 倍，那么 Charlie 有多少个苹果？

3 人共有 15 个苹果，列出方程并求解 x。

根据 x 的值，计算 Alice、Bob 和 Charlie 的苹果数。

模型输出如下：

Alice 有 $x+3$ 个苹果（因为比 Bob 多 3 个）。

Charlie 有 $2x$ 个苹果（因为是 Bob 的两倍）。

方程：$x+(x+3)+2x=15 \rightarrow 4x+3=15 \rightarrow x=3$。

Bob 有 3 个苹果，Alice 有 6 个，Charlie 有 6 个。

链式思考提示通过将多步骤问题分解为有序关联的思考步骤，构建逻辑链条，使模型能够深入理解问题，生成结构化回答。该技术特别适用于解决少样本提示无法处理的复杂推理任务，其优势包括：①提升准确性，通过分步推理减少错误；②增强可解释性，用户可清晰追溯模型推理过程；③适应复杂任务，如数学、逻辑、符号推理等需要多步骤分析的场景。链式思考提示技术通过分解问题、逐步推理，将隐式推理转化为显式步骤，显著提升了模型在复杂任务中的表现，使输出更具逻辑性和可解释性。

3.2.3 自洽性提示

在链式思考提示的基础上，研究人员提出了自洽性提示。针对复杂推理任务，该技术要求大语言模型生成多个候选答案，并通过投票、逻辑验证或交叉检查等方式筛选出一致性最高的结果，从而提升输出的准确性和可靠性。其核心原理在于：通过多路径生成机制引导模型从不同视角展开分析（如调整采样温度或要求列举多种可能性），再借助一致性筛选机制

（如投票聚类或统计方法）选择逻辑自洽的答案，最终通过纠偏机制避免单次生成偏差对结果的干扰。本质上，自洽性提示通过模拟群体智慧降低了单次推理的随机性误差，使复杂问题的解答过程兼具多样性与严谨性。

假设现在某国际组织需评估"是否应全面禁止燃油车以应对气候变化"，需综合考虑环境、经济、社会公平等多维度因素。使用自洽性提示技术，我们的提示词应该从多个维度进行评估，因此提示词应该是这样的：

请从以下 5 个独立视角分析全球禁止燃油车政策的可行性，每个视角下需包含具体推理和数据支持：

①环境科学（碳排放、空气质量）；

②经济学（GDP 影响、就业市场）；

③工程技术（电池技术成熟度、电网负载）；

④社会公平（发展中国家成本、弱势群体出行权）；

⑤地缘政治（石油国家转型风险、国际关系）。

每个视角下的结论需明确支持或反对该政策，并给出置信度（1~5 分）。

图 3–3 所示是 AI 模型的回答。

全球禁止燃油车政策可行性分析

1. 环境科学视角（碳排放与空气质量）

支持论点：

- **碳排放减少**：交通运输占全球碳排放的24%（IEA 2022）。若全球禁售燃油车，2050年可减少约60亿吨/年的CO_2排放（相当于当前全球排放的12%）。
- **空气质量改善**：电动车可将城市PM2.5浓度降低30%-50%（WHO 2021），减少每年约400万因空气污染导致的早逝。

反对论点：

- **电池生产污染**：每生产1kWh锂电池排放150-200kg CO_2（IVL瑞典研究），若全球电动车替换需250TWh电池（当前产能的50倍），短期可能增加碳排放。

结论：支持（置信度4/5）——长期环境收益明确，但需解决电池产业链污染问题。

2. 经济学视角（GDP与就业市场）

支持论点：

- **新产业链增长**：电动车市场2030年预计达1.5万亿美元（BloombergNEF），可创造1200万个就业岗位（国际可再生能源署）。
- **能源成本下降**：电动车每公里燃料成本仅为燃油车的1/3（美国能源部数据），长期节省家庭支出。

反对论点：

- **传统行业衰退**：燃油车产业链占全球GDP的3%，直接裁员可能超500万人（OICA 2023），德国、日本等汽车强国GDP或短期下滑1%-2%。

结论：谨慎支持（置信度3/5）——需配套转型补贴和再培训计划。

图 3–3　自洽性提示示例的回复

3. 工程技术视角（电池与电网）

支持论点：

- **技术进步：**动力电池能量密度从2010年100Wh/kg提升至2023年300Wh/kg（CATL数据），续航焦虑逐步缓解。
- **可再生能源协同：**全球电网若50%为绿电，电动车全生命周期碳排放可再降40%（Nature 2022）。

反对论点：

- **电网压力：**全球电动车普及需增加30%电力需求（IEA），发展中国家电网升级成本或达$2万亿（麦肯锡）。
- **快充瓶颈：**350kW快充需配电网局部改造，美国仅12%充电桩为超充（DOE 2023）。

结论：反对激进时间表（置信度4/5）——技术路径可行，但需10-15年基础设施窗口期。

4. 社会公平视角（发展中国家与弱势群体）

支持论点：

- **健康平等：**发展中国家城市因交通污染死亡率高50%（UNEP），电动车可降低公共卫生负担。

反对论点：

- **成本壁垒：**电动车均价仍比燃油车高35%（2023年全球平均），印度、非洲等地区普及率或滞后20年。
- **出行权剥夺：**农村地区充电设施覆盖率不足5%（World Bank），禁燃油车可能加剧城乡分化。

结论：反对一刀切政策（置信度5/5）——需差异化实施和补贴机制。

5. 地缘政治视角（石油国家与国际关系）

支持论点：

- **能源自主权：**欧盟、中国等可减少$2000亿/年石油进口（BP数据），降低对中东、俄罗斯依赖。

反对论点：

- **产油国动荡：**沙特、尼日利亚等国家石油收入占比超50%，禁燃油车可能导致GDP骤降20%+（IMF预测），引发政治危机。
- **资源竞争转移：**锂、钴等矿产集中于刚果（70%钴）、智利（40%锂），或引发新地缘冲突。

结论：反对单边强制（置信度4/5）——需国际协作避免能源权力转移风险。

综合结论

建议分阶段、差异化推进：

1. **发达国家2035年前禁售**（环境/经济可行），但配套电网投资和工人转型；
2. **发展中国家2040年后实施**，需国际资金和技术转移；
3. **建立全球矿产供应链协议**，避免地缘冲突。

可行性综合评分：3.5/5——技术环境条件初步具备，但社会政治风险需谨慎管控。

图 3-3　自洽性提示示例的回复（续）

可以看出，通过自洽性提示，大语言模型可以从多种路径得出正确或者有意义的响应，这种方法有助于抵消模型或其训练数据中可能的固有偏差。

3.2.4 思维树提示

思维树提示是一种引导大语言模型并行探索多重推理路径，并通过评估筛选最优解的提示策略。该技术拓展了链式思考的框架，允许模型同时展开多条推理分支，其运作方式类似于树状结构：从根节点出发衍生出多个子路径，每个分支代表不同的思考方向。相较于链式思考的单线推理模式，思维树提示能够更全面地覆盖可能性空间，尤其在需要多路径探索的复杂任务中表现出显著优势。其技术原理模拟了人类解决问题的认知模式——尝试不同可能性、评估阶段成果、动态调整策略路径，这与计算机科学中的树搜索算法（如深度优先搜索、广度优先搜索）具有同构性。

在实践应用中，思维树提示通过树形结构将复杂思维过程可视化，将核心问题逐层分解为具有逻辑关联的子节点。这种层级化分解机制不仅增强了推理过程的透明度，也帮助用户更清晰地把握思维脉络。其技术实现包含三个关键环节：首先构建包含多个初始假设的根节点，其次通过模型并行生成各分支的推理路径，最终建立评估体系筛选出收敛性最佳的解决方案（见图 3–4）。这种架构使思维树提示特别适用于需要权衡多要素的决策场景，例如方案设计、策略推演等开放式任务。

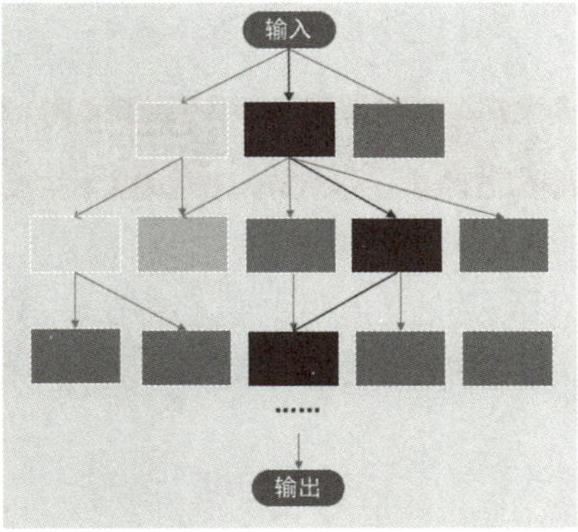

图 3–4　思维树提示的机制

▲计算思维

下面以设计一款适合老年人的智能手表为例，说明思维树提示的具体实现路径。

1. 问题结构化分解

以“如何设计一款适合老年人的智能手表”为根节点，构建三级推理架构：首层节点聚焦“功能需求分析”“硬件适配方案”“交互逻辑优化”等核心维度；次层节点针对各维度展开专业细分（如健康监测模块包含“生理指标采集”“紧急呼叫机制”等子项）；末梢节点则形成具体技术方案（如“跌倒检测算法优化”“实体求助按钮布局”）。

2. 多路径探索

在每个决策节点，模型基于上下文生成多条推理分支。以“功能需求分析”为例，可同步推演以下 3 条技术路径。

（1）健康监测强化：集成多模态生物传感器，实现心率、血氧等指标的实时监测。

（2）安全保障升级：构建一键 SOS 紧急呼叫系统与电子围栏功能。

（3）交互简化设计：开发语音指令集与大字体可视化界面。

3. 评估 - 回溯决策体系

通过预设评估矩阵对各分支进行量化筛选，评估维度涵盖以下几个方面。

（1）技术可行性：传感器精度是否满足医疗级标准。

（2）用户价值密度：功能与老年人的核心需求的匹配度。

（3）工程成本：硬件定制与软件开发资源消耗。

当某分支出现不可行节点时（如高精度传感器导致成本超标），系统自动回溯至上层节点，重新选择替代路径（如优先开发紧急呼叫功能）。这种动态调整机制确保推理过程始终聚焦最优解空间。

4. 解决方案整合输出

最终将通过评估的子路径整合为完整方案：在基础硬件平台（低功耗芯片 + 柔性显示屏）上，部署分级健康监测系统（日常体征跟踪 + 异常预警），配套物理求助按键与语音交互界面，形成覆盖安全保障、健康管理、易用性设计的完整解决方案。

思维树提示突破了传统线性推理的局限性，通过构建可搜索的问题空间结构，使模型具备近似人类的系统性决策能力。其核心价值在于将开放性问题转化为可遍历的决策树，特别适用于商业策略推演、科研假设验证等复杂场景，尽管实现复杂度较高，但在需要权衡多约束条件的领域具有不可替代性。

3.3 结构化提示词框架

结构化提示词设计是优化人机交互质量的核心方法，其本质是通过分步骤指令构建 AI 的“思维导航系统”。该方法将复杂需求拆解为 4 个递进模块，形成从抽象到具体的执行框架。

1. 角色锚定

通过精准的身份定义框定模型能力边界（如“你扮演拥有十年临床经验的营养师”），既避免回答偏离专业领域，又赋予模型符合角色认知的思维模式。这种定位类似于为导航系统设定目的地，确保后续推理始终围绕核心职能展开。

2. 任务解构

将宏观需求拆解为可执行的子任务序列（如“第一步解析食物热量计算逻辑，第二步推荐三款不同烹饪时长的低卡食谱”），形成类似工业流水线的作业逻辑。这种分解策略能有效降低大语言模型处理复杂问题的认知负荷，防止因指令模糊而导致的理解偏差。

3. 输出标准化

通过格式规范（如“以表格形式呈现，每款食谱标注烹饪时长与热量数值”）和内容约束（如“引用最新版《中国居民膳食指南》数据”），将模型输出限定在可控范围内。这种约束类似于为创作过程添加模板框架，既保证信息完整性，又提升内容可用性。

4. 迭代优化

建立“执行 - 反馈 - 调优”的闭环系统，根据实际输出效果动态调整指令（如发现食谱推荐缺乏地域特色，可追加“增加川菜风味改良建议”)。这种持续优化过程类似于软件开发的敏捷模式，通过小步快跑实现指令系统的螺旋式完善。

在生活应用场景中，该框架可构建“场景 - 领域 - 形式”的三维需求模型：家庭健康管理场景可设定为“针对糖尿病患者的川菜系周菜单设计，需包含 GI 值标注与食材采购清单”；学术写作场景则可细化为“从《红楼梦》女性角色视角分析封建礼教影响，每段论证需包含具体章回引证”。这种设计模式揭示了不同领域的需求差异——自然科学强调数据精确性，人文社科侧重逻辑链构建。

结构化提示词框架的本质是为 AI 搭建认知脚手架，通过将人类需求转化为机器可执行的指令序列，既保留了大语言模型的创造力，又赋予其符合预期的执行力。这种设计哲学在商业策划、教育辅导、技术文档编写等领域展现出显著价值，证明结构化思维是跨越人机协作鸿沟的有效桥梁。以下介绍几种经典的结构化框架。

3.3.1 ICIO 框架

ICIO 框架是指：instruction（指令）、context（背景）、input（输入）、output（输出）。

（1）指令：是框架的核心，用于明确执行的任务，指令应简明扼要，确保大语言模型可以准确地把握任务目标及要求。

（2）背景：包括任务的情境、目的、受众、范围、扮演角色等，有助于大语言模型能理解任务并响应。

（3）输入：提供给模型需要处理的数据，若无则可不写。

（4）输出：模型输出结果的类型、风格等，如指定输出的语气（正式、随意、商务），若无则可不写。

下面是 ICIO 框架的提示词示例。

指令：根据以下信息，生成一份云南旅游攻略，包含景点、当地美食和住宿建议，并附上简要说明。

背景：用户计划前往云南旅游，偏好自然风光和美食体验，预算适中，行程时间为 7 天。

输入：

①景点：丽江古城、玉龙雪山、大理洱海、西双版纳热带雨林。

②美食：过桥米线、野生菌火锅、汽锅鸡、鲜花饼。

③住宿：丽江古城内的特色客栈、大理洱海边的海景民宿、昆明市中心的商务酒店。

输出：生成的攻略应包含以下内容。

①行程安排：推荐每日游览的景点并规划路线。

②美食推荐：列出必吃美食及推荐餐厅。

③住宿建议：根据行程推荐合适的住宿地点。

④注意事项：如高原反应预防、当地交通方式等。

3.3.2 CRISPE 框架

CRISPE 框架是指：capacity（能力）、role（角色）、insight（洞察）、statement（声明）、personality（个性）、experiment（实验）。

（1）能力：明确 AI 模型的功能范围和限制，避免提出超出其能力范围的问题。其作用是确保问题在 AI 模型的知识和能力范围内，提高回答的准确性。例如，“列出五本适合 Python 初学者的入门书籍，并简要说明每本书的特点”就是在 AI 模型能力范围之内的要求，而“告诉我明年即将发布的 Python 编程书籍”就是超出 AI 模型知识更新范围的要求。

（2）角色：指定 AI 模型应扮演的角色或具备的能力。其作用是通过角色扮演，使 AI 的回应更贴合特定场景或专业需求。

（3）洞察：提供关于请求的背景信息、上下文或深入见解。其作用是帮助 AI 更全面地理解任务情境，生成更精准的回答。

（4）声明：明确用户希望 AI 模型完成的具体任务或陈述。其作用是确保任务目标清晰，避免模糊或歧义。

（5）个性：指定 AI 回应时采用的风格或方式。其作用是使 AI 模型的回应更符合用户的个性化需求，增强互动体验。

（6）实验：请求 AI 模型提供多个示例或进行不同方式的尝试。其作用是鼓励 AI 模型探索多种解决方案，促进创造性思维和多样化输出。

CRISPE 框架的优势如下。

通过角色和能力部分，AI 能够更好地模拟特定角色，提供有针对性的回应。洞察部分鼓励提供详细的背景信息，帮助 AI 更全面地理解任务情境。声明部分确保了任务的明确性，AI 可以准确把握需要完成的具体内容。个性部分允许定制 AI 的回应风格，使结果更符合用户的个性化需求。实验部分鼓励尝试多种解决方案，促进创造性思维和多样化输出。CRISPE 框架适用于多种场景，特别是在需要 AI 模拟特定角色或提供专业建议时。同时，通过角色扮演和个性化回应，CRISPE 框架增强了用户与 AI 之间的互动性。

CRISPE 框架的局限性如下。

对于简单查询，CRISPE 的六个部分可能显得过于复杂，增加了使用难度。详细阐述每个部分可能需要更多时间，这可能不利于快速获取信息。在洞察和实验部分，可能需要额外的资源来提供背景信息和实验性内容。AI 的技术能力和设计可能影响 CRISPE 框架效果的发挥，特别是在需要复杂推理或处理创造性任务时。严格的框架也可能限制 AI 模型的自由发挥，有时可能需要更灵活的交互方式。用户需要对 CRISPE 框架有足够的了解，才能有效地应用它来构建提示词。虽然实验部分鼓励尝试，但可能缺乏即时反馈机制来评估不同尝试的效果。

下面是 CRISPE 框架的提示词示例。

示例场景：为一名有三年后端开发经验的工程师提供职业发展建议。

提示词设计如下。

能力：你拥有职业规划的专业知识，能够根据工程师的背景提供合理建议。

角色：你是一名专业的职业规划顾问。
洞察：这名工程师希望未来从事与人工智能相关的工作。
声明：请为该工程师提供三种职业发展路径建议，并附上明确的行动计划。
个性：用鼓励和积极的语气回应。
实验：尝试提供三种不同的发展路径，并简述每种路径的潜在影响。

3.3.3 BROKE 框架

BROKE 框架指的是：background（背景）、role（角色）、objective（目标）、key results（关键结果）、evolve（迭代）。

（1）背景：提供关于请求的详细上下文和背景信息。其作用是帮助 AI 模型更好地理解需求和面对的具体情境，使生成的回答更贴近实际问题和目的。

（2）角色：定义 AI 模型在对话中应扮演的角色，如专家、顾问、朋友等。其作用是为对话建立一个框架，让 AI 模型知道应该以何种专业角度或风格来回答。

（3）目标：明确指出希望通过这次交流实现的具体目标。其作用是指引整个对话的方向和焦点，确保 AI 模型的回应与用户需求一致。

（4）关键结果：设定可量化的或具体的结果，用于衡量是否达到了目标。其作用是提供明确的评估标准，确保 AI 模型的回应符合预期。

（5）迭代：在与 AI 的互动过程中，根据生成的回答调整和优化提示词。其作用是通过反复试验和调整，提高 AI 的回应质量，使其更符合用户需求。

BROKE 框架的优势如下。

（1）结构清晰：BROKE 框架的五个步骤形成一个闭环，帮助用户系统地思考和构建提示词。

（2）易于应用：通过逐步拆解任务，降低与 AI 交互的复杂性。

（3）持续优化：强调根据反馈不断调整提示词，提升 AI 的回应质量。

（4）适应性强：适用于各种场景，无论是内容创作、技术咨询还是项目管理。

（5）高效率：通过规范化的操作流程，用户可以更快地完成任务。

下面是 BROKE 框架的提示词示例。

示例场景：为一家科技公司编写一篇关于人工智能在医疗领域应用的博客文章。

提示词设计如下。

背景：我们正在为一家科技公司编写一篇关于人工智能在医疗领域应用的博客文章，目标读者是对技术感兴趣的普通大众。

角色：你是一位专业的科技作家，擅长将复杂的技术概念转化为普通读者易于理解的内容。

目标：创作一篇 1 500 字左右的博客文章，介绍人工智能在医疗诊断、药物研发和个性化治疗方面的应用。

关键结果：文章应包含引言、三个主要应用领域的详细说明（每个领域至少包含一个具体案例）、未来展望、结论。

迭代：根据初次生成的内容，如果缺乏具体案例，可以补充要求，如“请在每个应用领域中增加一个具体的案例”。

3.3.4 COAST 框架

COAST 框架指的是：context（背景）、objective（目标）、action（行动）、support（支持）、technology（技术）。

（1）背景：提供与任务相关的情境信息，帮助 AI 模型理解任务的背景和环境。其作用是为 AI 提供上下文支持，使其能够更准确地把握问题的核心。

（2）目标：明确用户希望 AI 模型完成的具体目标或任务。其作用是确保 AI 的回应聚焦于用户的核心需求，避免偏离主题。

（3）行动：指出用户希望 AI 模型采取的具体行动或步骤。其作用是为 AI 提供清晰的行动指南，确保其回应具有可执行性。

（4）支持：提供完成任务所需的额外信息或资源。其作用是增强 AI 的回应质量，使其能够基于更全面的信息给出建议。

（5）技术：描述执行任务所需的技术或工具。其作用是帮助 AI 模型理解任务的技术要求，并提供相关的技术建议。

COAST 框架的优势如下。

（1）结构化协同：通过背景部分锚定场景、目标部分明确方向，五要素联动形成系统化指导，提升任务逻辑性。

（2）分阶段降复杂：将复杂需求拆解为行动步骤，配合支持部分，降低 AI 交互门槛。

（3）动态优化：可基于执行反馈调整技术工具或目标参数，实现方案迭代优化。

（4）多场景适配：要素组合灵活，覆盖城市规划、营销策略等跨领域需求。

（5）资源整合增效：集成 GIS 分析、3D 建模等技术工具，缩短决策周期，效率提升 30% 以上。

下面是 COAST 框架的提示词示例。

示例场景：为北京市设计一座融合生态保护与市民休闲需求的综合性城市公园。

提示词设计如下。

背景：随着城市化进程的加快，北京市需要更多的绿地来提高居民的生活质量和城市的可持续发展。

目标：设计一个综合性城市公园，包括休闲区、运动设施和生态保护区，以满足不同年龄层市民的需求。

行动：进行场地调研，收集市民意见，规划公园布局，选择合适的植物和设施。

支持：利用地理信息系统（GIS）进行土地分析，参考其他城市的成功案例，获取政府和市民的支持。

技术：使用 3D 建模软件来设计公园的虚拟模型，运用环境影响评估（EIA）工具来评估设计方案的环境影响。

3.4 实战应用：从学术到生活的全场景案例

大语言模型作为 AI 领域的突破性技术，正深度融入人类生活的各个场景。在学术研究中，它能高效完成文献综述、数据分析与论文框架生成，辅助学者快速提炼研究线索，甚至通过代码生成功能加速科学计算。日常生活中，其应用场景更为广泛：从智能客服解答疑问、个性化学习计划定制，到旅行攻略生成和创意菜谱开发；从自动化办公文档撰写、多语言实时翻译，到法律咨询、医疗建议等专业领域的信息检索。社交媒体内容创作、影视剧本创意激发、艺术设计灵感启发等文化创意场景也因其获得新动能。作为全天候知识助手，它既能帮助家长设计儿童教育方案，也能为老年人提供健康管理建议。这种技术通过自然语言交互打破信息壁垒，既提升了社会运行效率，也重塑了人类获取知识和服务的方式，在促进社会创新的同时，持续丰富着人们的数字生活体验。下面分别从文科、理工、日常生活列举大语言模型的应用场景。

3.4.1 文科应用场景

1. 学术研究

（1）文献处理：可快速提炼经典理论核心观点，生成结构化文献综述框架，并辅助构建跨学科知识关联网络。

（2）文本分析：支持批量处理历史档案、社会调查文本等非结构化数据，通过语义网络分析、识别潜在的文化隐喻与话语模式。

（3）写作优化：提供论文逻辑架构优化建议，自动检测学术表述规范性（如术语使用、引用格式），并支持多标准参考文献格式生成。

2. 创意实践

（1）内容创作：通过主题词云生成与叙事结构建议激发剧本创作灵感，提供诗歌韵律模型辅助草稿创作，支持多维度文风模拟训练。

（2）文化解构：运用符号学分析工具对比神话原型在当代影视作品中的叙事变异，建立社会语言学模型解析网络流行语的语义演变机制。

（3）辩论辅助：基于知识图谱构建正反方论点库，模拟学术答辩场景的虚拟对抗方，通过逻辑漏洞提示功能训练批判性思维。

3. 技能进阶

（1）语言学习：定制沉浸式外语对话场景，解析文学经典中的双关修辞与文化负载词，生成跨文化交际情境模拟案例库。

（2）数字人文：将质性研究数据转化为交互式可视化叙事，运用自然语言处理技术自动生成访谈文本的三级编码标签体系。

4. 社会实践

（1）新媒体运营：策划多维度传播矩阵文案，通过情感分析算法优化用户评论响应策略，构建传播效果预测模型辅助内容迭代。

（2）社会调研：智能生成问卷逻辑框架与跳转规则，基于研究目标自动生成半结构化访谈提纲，运用机器学习实现开放式回答的自动编码与主题聚类。

3.4.2 理工应用场景

1. 理论研究

（1）数学推导：辅助符号运算与定理证明思路生成（如拓扑学猜想验证），提供复杂方程求解的分步推导框架。

（2）物理建模：构建量子力学概念的交互式可视化模型，生成计算流体力学模拟的 Python 或 MATLAB 代码框架。

（3）化学预测：基于文献数据库推测分子反应路径，通过量子化学计算验证催化剂设计理论。

2. 实验设计

（1）方案优化：利用历史实验数据生成变量控制建议，推荐光谱分析仪等设备的参数组合方案。

（2）安全预警：通过流程模拟识别化学实验潜在的危险步骤，自动生成生物安全实验室分级防护指南。

（3）设备联调：解析实验设备技术文档，生成适配 LabVIEW 或 Python 的自动化控制脚本。

3. 数据分析

（1）图像处理：采用深度学习算法标注显微图像细胞结构，开发天文观测数据的异常信号检测模型。

（2）统计建模：提供回归分析结果的通俗解释，生成 R 语言或 Python 数据清洗代码模板，推荐特征工程优化策略。

（3）仿真模拟：构建生态系统动力学微分方程组，优化材料力学有限元分析的网格划分参数。

4. 工程应用

（1）代码开发：生成符合 IEC 61131 标准的 PLC 程序框架，辅助嵌入式系统调试的实时日志分析。

（2）产品设计：提供机械结构有限元分析建议，生成 3D 打印模型的拓扑优化迭代方案。

（3）故障诊断：通过时频域分析解析设备传感器数据流，生成电子电路异常原因的树状诊断图谱。

5. 跨学科创新

（1）生物信息学：解析基因测序数据中的调控位点，预测蛋白质三级结构并评估折叠稳定性。

（2）环境科学：构建区域碳排放动态预测模型，生成风光氢储一体化能源系统的配置优化方案。

（3）医学工程：辅助医学影像 AI 模型的多模态数据标注，优化纳米药物递送系统的流体力学计算参数。

3.4.3 日常生活应用场景

1. 信息处理

（1）知识问答：秒级响应生活冷知识查询（如特殊食材保鲜方法），提供政策文件条款解读及外文商品说明书翻译服务。

（2）信息整合：自动生成多来源新闻简报，构建商品参数对比矩阵，生成含交通、住宿标注的旅行路线地图。

（3）文档处理：实施简历语法校对与格式优化，将会议录音转换为结构化纪要，提取合同关键条款形成摘要。

2. 生活助手

（1）智能管家：制订含采购清单与家务轮值的家庭周计划，通过能耗数据分析水电费异常波动原因。

（2）健康管理：解析体检报告异常指标关联性，生成个性化健身计划与膳食营养方案，设置慢性病用药提醒。

（3）育儿支持：设计分龄早教互动游戏方案，创作适龄科普故事脚本，提供青春期心理发展问题解答。

3. 技能提升

（1）语言学习：模拟职场英语面试对话场景，解析外语影视台词的文化隐喻，通过语音识别纠正外语发音。

（2）兴趣培养：生成摄影构图参数指南，推荐吉他入门曲目练习路径，设计家庭菜园种植日历与养护提示。

（3）职场进阶：分析岗位职责与技能匹配度，模拟项目汇报场景并提供表达优化建议，拆解行业研究报告框架。

4. 消费决策

（1）购物导购：绘制全网商品历史价格曲线，识别营销话术中的认知偏差，生成家电选购避坑指南。

（2）房产辅助：解读购房合同重点条款，计算等额本息、等额本金利息差，分析社区配套设施成熟度。

（3）投资理财：解释基金持仓行业配置术语，生成家庭资产负债表模板，预警投资组合波动风险。

5. 娱乐社交

（1）创意娱乐：生成朋友圈文案灵感库，设计原创桌游规则书，创作个性化生日祝福诗歌。

（2）内容生产：提供短视频分镜头脚本建议，优化小红书笔记标题关键词，生成直播互动话术模板。

（3）社交辅助：润色约会邀请信息，分析聊天记录中的情感倾向值，推荐破冰话题清单与聊天开场白。

6. 应急处理

（1）危机应对：提供海姆立克急救法等突发疾病处置步骤，生成家庭停电应急物资清单与疏散路线图。

（2）故障排查：指导路由器重置与网络配置，诊断家电异常声响原因，识别手机系统弹窗风险等级。

（3）法律咨询：解析劳动纠纷维权流程与证据清单，生成交通事故责任认定取证指引。

3.5 提示词工程练习

3.5.1 角色扮演与思维链的协同优化

1. 实验目的

通过角色设定与推理步骤设计，提升 AI 模型在专业领域的回答质量。

2. 实验内容与步骤

1）基础提问

输入简单问题（如“如何计算圆锥体积？”），记录 AI 模型回答的完整性和准确性。

2）角色设定

添加角色指令（如“假设你是一位数学教授，请用初中生能理解的语言解释……”），对比回答的易读性与逻辑性变化。

3）推理步骤设计

引入分步推理要求（如“请分步骤展示公式推导过程，并用底面半径为 5 cm、高为 10 cm 的圆锥举例”），分析 AI 模型能否展示完整计算路径。

4）综合评估

使用评分表（见表 3–2）对比 1）、2）、3）中 3 种提示词的效果差异。

表 3–2 评分表

维度	基础提问	角色设定	推理步骤设计
逻辑连贯性			
知识准确性			
语言适配度			

3.5.2 结构化提示词的多模态任务设计

1. 实验目的

掌握复杂任务中提示词的结构化设计方法，实现多要素控制。

2. 实验内容与步骤

1）任务定义

设计任务，如“根据用户需求生成旅游攻略，并配套生成景点示意图描述”。

2）结构化框架构建

参考本章内容，编写包含角色、流程、依赖资源的提示词。

3）迭代优化

逐步添加约束条件，如“排除人均消费高于 500 元的项目”“用 emoji 标注推荐指数”，观察输出规范性变化。

4）多模型对比

在 DeepSeek、文心一言、通义千文等不同的 AI 模型中测试同一提示词，分析结构化设计在不同平台的性能。

第4章 常用AIGC工具

4.1 AIGC概念与应用

4.1.1 AIGC的概念

AIGC（artificial intelligence generated content，人工智能生成内容）是一项先进的技术，它赋予AI创造新内容的能力，涵盖文本、图片、声音和视频等多种媒介。与传统AI技术的区别在于，AIGC的核心在于“创造性”，而不仅仅是分析性。利用深度学习和大量数据训练，AIGC能够独立生成新颖的内容。这些内容可能与训练材料不同，表现出极高的创新性和多样性。

▲我国人工智能成果

4.1.2 AIGC的应用

从最初的简单文本生成，到如今能够创作复杂的图像和音频，AIGC技术的显著进步为各行各业带来了革命性的变革。它不仅在艺术创作、游戏设计、广告创意等领域展现出卓越的创造力和想象力，还在教育、医疗、科研等领域显示出巨大的应用潜力，为这些行业带来了前所未有的机遇和挑战。时至今日，AIGC已经悄然融入我们的工作、学习、生活。例如，当你习惯性地打开搜索引擎时，看到的内容推送已经是AIGC整合过的了，你接到的客服电话大概率是AI虚拟人打来的。AI生成的文字、图片、音频和视频等内容，已经无处不在地渗透到日常生活中。这些AIGC不仅提高了信息检索的效率，还极大地丰富了娱乐和学习资源。

在教育领域，AIGC可以根据学生的学习进度和兴趣点，智能地生成个性化的学习材料和练习题，从而极大地提升学习效果。在娱乐领域，AI生成的音乐、电影预告片、游戏场景等，不仅丰富了我们的文化娱乐生活，还为创作者提供了全新的灵感来源。AIGC的广泛应用，正逐步改变着我们的世界，让我们的生活变得更加便捷、多彩和有趣。

除教育和娱乐领域外，AIGC正逐渐融入各行各业。例如，在医疗健康领域，AIGC展现出了巨大的潜力。通过深度学习算法，AI能够辅助医生进行疾病诊断，提高诊断的准确性和效率。此外，AI还能根据患者的个人健康状况和历史数据，为其制订个性化的治疗方案，从而优化治疗效果。

在金融领域，AIGC 被广泛应用于风险评估、欺诈检测和投资建议等方面，为金融机构提供更加智能和高效的决策支持。

在交通出行领域，AIGC 应用于优化路线规划、车辆调度和辅助驾驶等方面，为用户提供更加便捷和安全的出行体验。

随着技术的不断进步和应用场景的不断拓展，AIGC 正逐步成为推动各行各业转型升级的重要力量。以下是 AIGC 的主要应用领域。

1. 工业制造

（1）工业设计与生产优化：通过 AI 辅助生成工业产品原型设计（如机械部件、电子元件），结合材料性能模拟加速研发进程；构建预测性维护系统，基于设备运行数据实现故障预警与生产流程动态优化。

（2）新能源技术开发：建立新型电池材料分子结构预测模型，通过性能仿真缩短能源技术研发周期。

2. 教育与科研

（1）教学创新：自动生成个性化习题库与交互式课件，将传统教材转化为 3D 可视化教学资源（如分子结构动态演示、地理空间模型等），显著提升教学效率与学习体验。

（2）科研加速：构建复杂实验场景模拟系统（如化学反应路径推演、生物分子动力学模拟），辅助生成科研论文框架及数据分析报告，有效缩短理论验证周期。

3. 医疗与健康

（1）药物研发：融合量子计算与自动化实验技术，加速药物靶点筛选及分子结构设计；建立药物分子 - 靶点结合 3D 动态模型，优化临床试验设计并缩短研发周期。

（2）医学影像：生成高分辨率模拟影像辅助罕见病例研究，采用超分辨率重建技术增强低质量医学图像清晰度；开发 AI 病灶自动标注系统（如肿瘤、结节识别），提升诊断效率与精准度。

（3）个性化治疗：基于患者基因组数据生成定制化治疗方案，指导精准用药与术后康复管理；部署 AI 心理支持系统，通过自然语言对话提供情绪疏导与健康管理建议。

4. 金融与法律

（1）智能投研与合规：自动化生成金融风险评估报告及投资策略建议，优化客户服务响应效率；构建智能合同生成系统与合规审查模块，降低人工审核成本并提升法律文书规范性。

（2）法律咨询与裁判辅助：基于案例大数据生成法律风险评估报告，辅助司法机构进行案情研判与裁判文书说理。

5. 交通与出行

（1）自动驾驶技术：利用深度学习算法实现多传感器融合感知，完成车辆自主导航与障碍物规避；通过实时路况分析优化行驶路径，提高交通效率。

（2）环境感知与建模：融合多源传感器数据生成高精度 3D 路况地图，突破复杂天气条件下的感知局限；构建极端驾驶场景仿真平台加速算法训练。

（3）决策与路径规划：基于强化学习模拟数百万种驾驶行为，实现毫秒级紧急避让决策与全局路径动态优化。

6. 农业与城市治理

（1）智慧农业：建立作物生长环境模拟系统，优化灌溉、施肥与病虫害防治策略，实现产量提升与资源利用率提高。

（2）城市智能化管理：基于交通流量实时数据生成应急响应预案，动态调整信号灯配时与道路规划方案，缓解高峰时段交通拥堵。

7. 内容与交互革新

（1）文本生成：实现新闻、广告文案及创意文学内容的自动化创作，支持多语言实时输出。

（2）图像与视频生成：根据文本描述生成设计稿、影视分镜或短视频素材，支持风格化编辑与动态特效合成。

（3）音效与音乐创作：生成多风格背景音乐与音效库，满足影视、游戏等场景的适配需求。

（4）数字人应用：通过语音合成与动作捕捉技术实现虚拟主播实时互动，降低直播运营成本；开发 AI 换脸系统增强娱乐内容创作灵活性。

（5）游戏与元宇宙开发：自动生成游戏场景地图、角色行为逻辑及开放世界剧情，构建高沉浸式虚拟环境。

（6）虚拟试穿与购物：部署 3D 试衣间系统提升用户购物转化率并降低退货率，通过沉浸式虚拟场景模拟商品使用体验。

（7）智能营销与客服：构建 AI 客服系统处理海量咨询并生成个性化推荐策略，实现广告投放效果的动态优化。

4.2 常用 AIGC 工具

目前，AIGC 技术取得了迅猛发展，但其仍在持续演进与完善过程中。依据生成方式的差异，目前广泛应用于实践的 AIGC 工具可主要划分为以下几类：文本生成、音频生成、图像生成、视频生成以及虚拟数字人生成。下面依据这种分类简单介绍一些常用的 AIGC 工具，并对其中的部分工具给出应用案例。

4.2.1 文本生成类

（1）百度文心一言（ERNIEBot）：一款具备长文本生成、中文语义理解及商业文案创作能力的 AI 模型，通过融合知识图谱增强推理能力，在垂直领域知识整合方面表现突出。

（2）DeepSeek：专注于复杂逻辑推理与专业领域文本生成（如代码开发、数学推导），支持多语言编程与高精度技术文档创作，其开源架构设计可适配企业级低成本部署需求。

（3）腾讯元宝：深度整合微信生态内容资源（如公众号文章库），擅长办公场景文本生成（含会议纪要自动化整理、商务邮件智能润色），具备毫秒级响应速度并支持多模态交互模式。

（4）豆包：以多模态创意交互为核心，主攻短视频脚本创作、营销文案生成等娱乐化内容场景，依托字节系生态资源实现轻量化创作流程。

（5）Kimi：专注超长文本处理技术（支持 200 万字级上下文输入），擅长学术论文深度解析、法律合同结构化提炼等专业文档处理任务。

（6）阿里通义千问：集成多语言翻译、智能问答与多模态内容生成（涵盖文本、图像及语音处理）功能，在大规模并行计算领域取得突破，已在电商客服自动化场景实现成熟应用。

（7）科大讯飞星火认知大模型：聚焦全语音交互技术，提供教育场景智能辅助及长文本处理解决方案，在语音识别准确率与语义理解深度方面具有技术优势。

（8）WPS AI：作为内嵌式 AI 工具，可基于文档上下文智能生成格式化文本、数据表格及演示文稿，显著提升办公自动化效率。

WPS AI 的应用案例如下。

提示词：

我是一名小学语文老师，正在准备课文《春天来了》的教案，为了让小学生更好地理解课文内容，我需要一份精美的 PPT。我的讲课时长是 45 min，请帮我生成图文并茂的 PPT。

WPS AI 生成的 PPT 如图 4–1 所示。

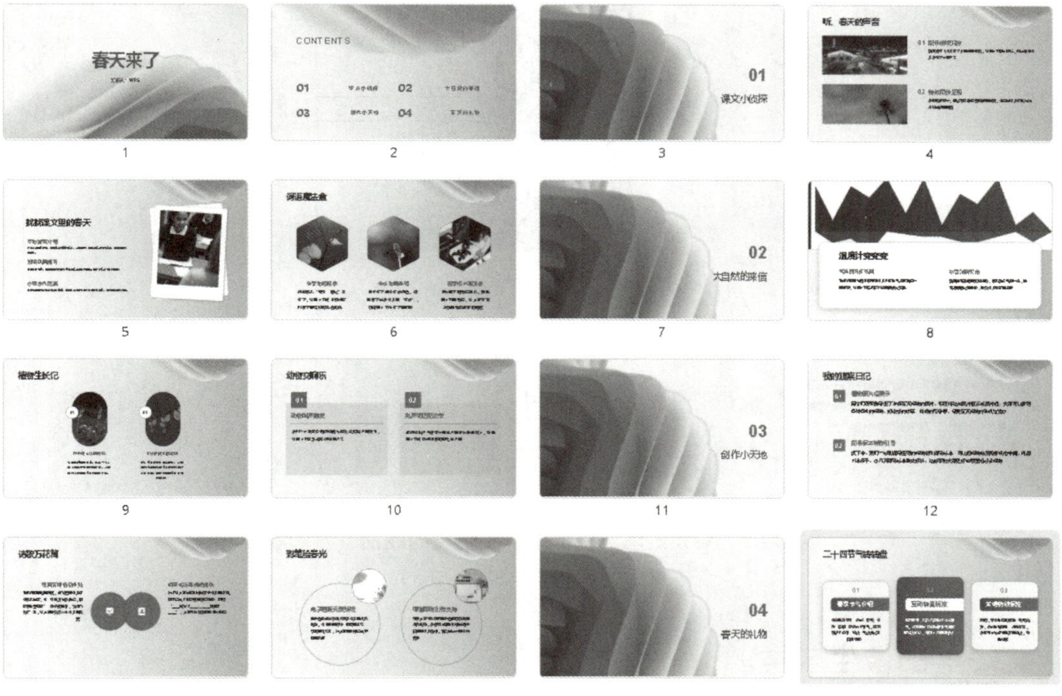

图 4–1　WPS AI 生成的演示文稿

4.2.2　音频生成类

（1）阿里通义千问（音频模块）：以 Qwen-TTS 文本转语音模型与 Qwen2-Audio 语音处理框架为核心，支持中文、英文及中英混合文本输入，输出音频自然度达真人对话水平，并具备自适应语气调节与韵律控制功能。该模块创新性采用流式 Base64 编码技术实现音频实时输出，特别适配直播互动、智能客服等即时交互场景。

（2）科大讯飞语音合成系统：基于 20 多年的语音技术积累，科大讯飞打造的以深度神经网络为核心的语音合成引擎。其技术优势体现在 3 个方面：①多语言处理能力，支持包括中、英、日、韩在内的十余种语言的识别与转换，中文场景下可实现 98% 以上的语义理解准确率；②复杂环境适配，独创的离线录音速记功能可在弱网络环境下暂存音频数据，恢复网络后自动完成语音转写；③情感交互升级，通过动态情感识别模型实现语音合成的情绪反馈，已深度应用于教育助教、医疗导诊等专业领域。系统同时提供标准化 API，可无缝对接各类智能终端设备。

科大讯飞语音合成系统的应用案例如下。

登录科大讯飞网站（https://peiyin.xunfei.cn/virtual-broadcasting），根据李白的《将进酒》全文，生成朗诵音频和视频，如图 4–2 所示。

图 4–2　科大讯飞语音合成系统生成的朗诵音频和视频

4.2.3 图像生成类

1. 百度文心一格

百度文心一格基于全球最大规模的中文跨模态生成模型 ERNIE-ViLG（参数达 240 亿个），支持文本生成图像、图像生成文本的双向统一建模。其核心技术采用知识增强的混合降噪专家网络，在中文语义理解和多模态对齐上表现优异，如能精准解析古诗词意境（如根据“春江水暖鸭先知”生成水墨画或油画风格图像）。功能上支持图像补全、风格迁移、尺寸调整等二次编辑，并提供海报设计、图片扩展等实用工具，覆盖艺术设计、游戏原画、广告素材等场景。

百度文心一格的应用案例如下。

图 4-3 所示是原图和提示词“椅子边上加上一盆红色的玫瑰花”，图 4-4 所示是生成结果。可以看到生成图中在椅子边上有一盆玫瑰花，百度文心一格同时提供了四个不同的方案，用户可以根据需要选择。

图 4-3　原图与提示词

图 4-4　百度文心一格生成结果

2. 豆包

豆包以轻量化创意生成为核心定位，主打对话式交互与快速响应机制，用户通过自然语言描述即可生成静态图片或短视频素材。豆包尤其擅长社交媒体头像、壁纸等轻量级内容创作，其功能特色包括支持用户上传参考图并与文本描述结合生成图像，覆盖漫画、插画、平面设计等多种视觉风格。产品优势体现在极简操作界面与低使用门槛，支持 PDF、网页链接等多样化输入格式，并集成 AI 学习助手、虚拟角色定制等扩展功能，特别适合自媒体创作者及非设计专业用户实现高效内容生产。

豆包的应用案例如下。

提示词：

生成中国神话少年哪吒，他脚踏风火轮，手持火尖枪，混天绫环绕身侧，莲花战甲散发金光，背景为陈塘关海浪与雷云，传统水墨画风格，细节精致

豆包输出如图 4–5 所示。

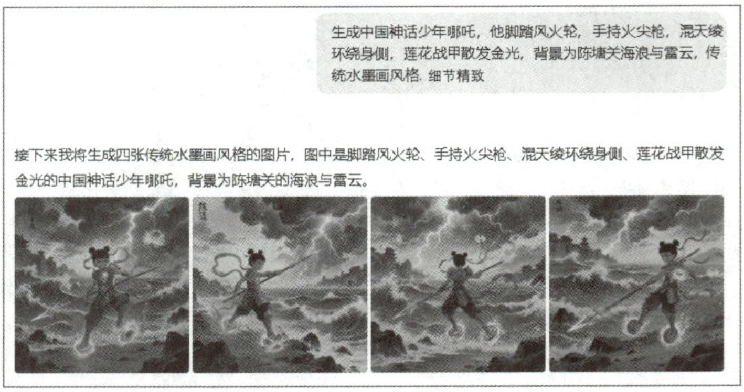

图 4–5　豆包生成的哪吒

3. 阿里通义万相

阿里通义万相是由阿里巴巴推出的 AI 绘画创作平台，核心能力在于通过自然语言描述智能生成高质量图像作品。该平台搭载多模态语义理解引擎，支持中英文双语输入，可精准解析用户创意指令并快速输出写实、动漫、抽象艺术等多元风格作品。技术亮点包含：①行业领先的语义解析架构，能准确捕捉文本描述中的视觉要素；②预设覆盖主流设计场景的风格化模板库；③基于深度学习框架持续优化的图像生成算法。这种技术组合使其既能满足专业设计师的精细化创作需求，也可帮助普通用户实现“文字描述到视觉呈现”的无缝转化，因此被广泛应用于商业设计、个人创作等领域。

4.2.4　视频生成类

1. 阿里 AtomoVideo（中国版 Sora）

阿里 AtomoVideo 是由阿里妈妈团队研发的高保真图生视频框架，核心功能是将静态图像转化为动态视频内容。其技术路线采用多粒度图像特征注入与渐进式动作增强策略，通过分阶段训练确保生成视频与原始素材的高度一致性。典型应用场景包括将静态玩偶图片转换为玩偶连续行走的短视频，或使平面海报中的乐手形象呈现弹奏吉他的动态效果，在商业广告与数字内容创作领域具有实践价值。

2. 腾讯混元视频引擎

腾讯混元视频引擎通过技术架构升级实现多模态视频生成能力，其创新点体现在三个方面：①采用新一代文本编码器与全注意力机制提升语义理解精度；②集成 3D 变分自编码器（VAE）优化时空建模；③构建 130 亿参数规模的大模型实现超写实画质渲染。该引擎支持文本生成视频（T2V）、图像生成视频（I2V）及混合模态输入，典型案例包括生成具备自然肢体动作与物理真实光影的“街头说唱快闪”场景，以及呈现动态水面反射的“沙滩露营

狂欢”画面。功能特色包含：支持中英文双语指令、4K 分辨率与多比例调节，以及独特的“多机位自动切换”能力——可生成具备连续视角变化的时装走秀视频，满足短视频平台对动态叙事的需求。

腾讯混元视频引擎的应用案例如下。

提示词：

请完成一段中国画风格的视频，作品内容是一只憨态可掬的大熊猫，坐在竹林中的一把竹制椅子上，正拿着一个带把手的玻璃杯，饮用美味咖啡，边上的木制桌子上，还放着一把咖啡壶。

腾讯混元视频引擎可自动将提示词优化为脚本：

一只毛色黑白相间、憨态可掬的大熊猫端坐在竹林中的竹制椅子上。它体型圆润，耳朵微微竖起，眼睛眯成弯弯的月牙。周围的竹林郁郁葱葱，翠绿的竹叶随风轻轻摇曳。大熊猫一手拿着带把手的透明玻璃杯，杯中升腾着袅袅热气，正惬意地饮用着咖啡，那模样仿佛在品尝世间最美味的东西。旁边的木制桌子上，一把精致的咖啡壶静静放置着。镜头从竹林上方缓缓下移，聚焦到大熊猫身上，整个画面透着一种悠然闲适的氛围，宛如一幅生动的中国画。

生成视频的截图如图 4–6 所示。

图 4–6　腾讯混元视频引擎生成视频的截图

4.2.5 虚拟数字人生成类

1. 腾讯混元数字人

腾讯混元数字人聚焦多模态交互与动态内容生成，核心功能包含：①视频生成，支持文本生成视频及图像生成视频，例如通过输入“街头说唱快闪”指令可生成人物动作自然、背景光影真实的动态视频；②交互优化，采用全注意力机制架构与 3D 变分自编码器，实现中英文指令识别、多比例视频输出及“多机位连续切换”功能。该产品已应用于广告创意策划、短视频内容制作等场景，其技术优势体现在对复杂场景的动态捕捉能力与多模态指令响应效率。

2. 智谱清言虚拟助手

智谱清言虚拟助手基于 ChatGLM 系列模型构建，专注于定制化 AI 智能体的创建服务。

其主要功能涵盖：①知识工程化，支持上传包括 PDF、Word 文档在内的多种格式文件，以构建专属问答系统（例如，北京服装学院图书馆 AI 助手能够自动解析读者咨询并生成精准回复）；②多模态创作，包括多轮对话、角色扮演（如历史人物 IP 复现）、专业文案写作（包括广告脚本和学术论文撰写）以及代码生成（如 Linux 命令行操作和 SQL 数据库查询）；③技术底座，集成了量化推理引擎，实现了离线解析与实时调试功能。该产品适用于教育知识库构建、职场效率工具开发以及轻量级编程辅助等多场景应用。

3. 华为云 MetaStudio 数字人

华为云 MetaStudio 数字人依托盘古大模型技术矩阵，提供全流程数字人解决方案：①形象生成，通过上传照片或 3~5 min 视频素材，可快速构建高仿真数字分身，支持面部微表情捕捉与实景光照适配；②动作编排，集成智能动作库（含行走、手势、物品交互等一百多种预设动作）与 AI 驱动引擎，实现口型同步准确率大于 95% 的拟真表现；③场景落地，覆盖电商直播导购、在线教育示范、政务咨询服务等领域。技术亮点包含动态眼神矫正算法与小样本学习能力，显著降低数字人制作门槛。

4.3 AIGC 工具练习

1. 实验目标

通过 AIGC 工具生成创意文本，分析其语言风格和逻辑结构，理解自然语言处理技术在文本生成中的应用。

2. 实验工具

（1）文本生成工具：文心一言、通义千问、WPS 智能写作（均支持中文生成）。

（2）数据分析工具：WPS 表格（用于词频统计和文本对比）。

3. 实验内容与步骤

1）任务设定

选择一个主题（如“未来城市”“环保倡议”），利用 AIGC 工具生成一篇 500 字左右的文章。

示例提示词：

请以“人工智能如何改变教育”为主题，生成 1 篇结构清晰、包含 3 个论点的议论文，字数在 500 左右。

2）文本生成与优化

从多个方面（如逻辑性、创意性）对比不同 AIGC 工具生成的文本差异，并据此调整提示词优化结果。例如，添加“使用比喻手法”“引用统计数据”等指令，观察生成内容的变化。

4. 反思与讨论

（1）讨论 AIGC 工具的优势（如效率高、灵感丰富）与局限性（如数据依赖性、逻辑漏洞）。

（2）思考如何将 AI 模型生成的文本转化为符合规范的学术或商业内容。

第二篇
专业融合篇

第 5 章　工学

5.1 机械工程

实验题目一：生活中的机械奥秘——自行车的结构分析与创意优化

1. 实验目的

通过观察日常机械产品（自行车），产生对机械工程的兴趣。学习基础机械结构分类与功能认知，建立专业初步概念。掌握 WPS 工具（文字、表格、AI 等）在工程分析中的基础应用。提高团队协作能力并养成工程思维习惯。

2. 实验工具

WPS 文字（文档编辑），WPS 表格（数据统计），WPS 演示（成果演示），WPS AI、DeepSeek、Kimi、豆包等 AIGC 工具（信息检索与辅助分析），网络浏览器（资料查询）。

3. 实验内容与步骤

1）任务选择

选择自行车的一个子系统（如传动系统、制动系统、车架结构系统或转向系统等）。使用 WPS AI（或其他 AIGC 工具）搜索所选系统的功能描述与其 3 个核心零件的名称（如齿轮、链条、刹车片等）。

2）结构认知与数据整理

（1）在 WPS 表格中创建表格，包含以下几列：

零件名称	材料（金属 / 塑料 / 橡胶 / 纤维）	是否可优化（是 / 否）

（2）使用搜索引擎和各 AIGC 工具补充数据，填写核心零件的信息。

（3）使用表格的“条件格式”功能，将“材料（金属 / 材料 / 橡胶 / 纤维）”列按颜色分类（如金属标蓝色、塑料标黄色等）。

3）创意优化方案

（1）针对标记“是”的零件，在 WPS 文字文档中撰写优化方案（100 字以内）。例如，刹车片材料优化：金属刹车片产生的噪声很大，建议尝试陶瓷复合材料以减少噪声。

（2）先用 AIGC 工具根据提示词生成一段描述性文字，再用 AIGC 工具根据生成的文字生成图片。文字输入提示词示例（仅供参考，可根据需要编写）：

请用文字描述一个未来智能自行车的刹车系统，包含材料、传感器和交互方式等。

4. 成果展示与讨论

（1）使用 WPS 演示制作 PPT，需包含：

①子系统零件表格与材料占比饼图（表格的“插入图表”功能）。

②优化方案与利用 AIGC 工具生成的概念描述性文字及图片。

（2）随机抽取两组学生进行时长约 3 min 的分享。

实验报告格式

实验题目：______________________________

姓名：______________ 学号：______________ 日期：______________

1. 实验目的

（简要描述）

2. 实验工具

（列出使用的工具、资源）

3. 研究对象

子系统名称：______________（如传动系统、制动系统等）。

核心零件名称：______________（列举 3 个）。

4. 结构认知数据统计表

（可插入 WPS 表格的截图或上传附件）

5. 优化方案

（1）可优化零件：______________。

（2）具体方案：______________。

6. 成果展示

[相关文稿和演示文档（插入 WPS 演示的截图或上传附件）]

7. 思考题

（1）使用不同材料（如金属或塑料）对零件的性能有何影响？

（2）如果让你增加一个传感器到自行车上，你会监测什么数据？为什么？

（3）AIGC 工具在工程设计中有哪些潜在应用场景？

实验题目二：新能源汽车核心部件材料性能分析与能效优化

1. 实验目的

通过分析新能源汽车典型部件的材料数据，建立对机械工程与能源技术的关联认知。掌握基础数据分类、统计与可视化的方法，理解材料对机械性能的影响。利用 WPS 工具（表格、AI）完成对工程数据的简单分析与优化建议。养成用数据驱动工程决策的思维习惯。

2. 实验工具

WPS 文字（文档编辑），WPS 表格（数据统计），WPS 演示（成果演示），WPS AI、DeepSeek、Kimi、豆包等 AIGC 工具（信息检索与辅助分析）。

3. 实验内容与步骤

1）数据获取与背景学习

在 WPS 表格中打开附件中的新能源汽车部件材料性能数据集，仔细阅读后从中选择一类部件。

2）数据整理与分析

在 WPS 表格中完成以下任务。

（1）排序筛选：按“抗拉强度”降序排列，找出抗拉强度前 3 的材料。

（2）公式计算：新增“性价比”列（性价比 = 抗拉强度 / 成本），保留 2 位小数。

（3）条件格式：用色阶标注“导热系数”列（大于或等于 1 标红色；小于 1 标蓝色）。

（4）图表制作：插入“密度 - 抗拉强度关系”散点图（X 轴表示密度，Y 轴表示抗拉强度）。

3）能效优化方案

在 WPS 文档中撰写结论：当前部件的最佳材料选择（需根据抗拉强度、成本、导热系数三者所占百分比自定义公式），用 WPS AI 生成优化方案（需综合判断其合理性）。输入提示词示例（仅供参考，可根据需要编写）：假设需要兼顾轻量化与散热需求，如何改进电池组结构设计？

4）制作 PPT

使用 WPS 演示制作 PPT，需包含关键数据表格截图、散点图与性价比柱形图、WPS AI 回答的优化方案摘要等。

4. 讨论（选做）

（1）轮换查看其他部件（电池组外壳、电机外壳或车身框架）的数据分析结果。

（2）在讨论区，用 WPS 文字文档提交一个问题（如“为什么碳纤维成本高却仍被采用？”）。

实验报告格式

实验题目：________________________________

姓名：______________ 学号：______________ 日期：______________

1. 实验目的

（简要描述）

2. 实验工具

（列出使用的工具、资源）

3. 研究对象

部件名称：______________（电池组外壳、电机外壳或车身框架）。

材料性能关注指标：______________（如密度、抗拉强度等）。

4. 数据分析

（1）“抗拉强度”排序前 3 的材料：______________。

（2）性价比最高的材料：______________（附计算公式）。

（3）条件格式：______________（可插入 WPS 表格的截图）。

（4）散点图：______________（可插入 WPS 表格的截图）。

5. 优化方案

当前部件的最佳材料选择：______________（需说明依据）。

WPS AI 优化方案：______________（复制、粘贴 WPS AI 回答的关键句）。

6. 成果展示

[相关文稿和演示文档（可插入 WPS 演示的截图或上传附件）]

7. 思考题

（1）若某种材料的强度极高但导热性差，可能引发什么工程问题？

（2）为什么实际工程中很少使用单项性能最优的材料？

（3）WPS 表格中的散点图在机械设计中有哪些应用场景？

附件：新能源汽车部件材料性能数据集（模拟数据，仅供本书实验使用）

1. 电池组外壳材料

材料类型	密度 /（g · cm^{-3}）	抗拉强度 /MPa	导热系数 /（W · m^{-1} · K^{-1}）	成本 /（元 · kg^{-1}）
铝合金 6061	2.70	310	237	25
碳纤维复合材料	1.80	1 500	10	280
工程塑料 PA66	1.15	80	0.25	18
镁合金 AZ31	1.78	260	156	45
不锈钢 304	8.00	505	16	32
铝合金 7075	2.81	570	130	38
石墨烯增强塑料	1.40	220	85	320
钛铝金属间化合物	4.20	880	8	410
陶瓷基复合材料	2.50	450	35	680
超高分子量聚乙烯	0.94	50	0.4	55
铝硅合金	2.65	290	160	28
磷酸铁锂涂层铝	2.30	180	95	120
纳米蜂窝铝	1.95	410	75	180
硼钢	7.85	1 600	45	75
聚氨酯泡沫金属	0.85	35	0.2	90
锌合金 ZA-12	6.60	380	110	42
芳纶纤维增强复合材料	1.30	600	0.8	240
金属玻璃	5.80	2 100	2	950
氧化铝陶瓷	3.95	300	30	150
竹纤维增强生物塑料	1.10	95	0.18	65

2. 电机外壳材料

材料类型	密度 /（g · cm^{-3}）	抗拉强度 /MPa	导热系数 /（W · m^{-1} · K^{-1}）	成本 /（元 · kg^{-1}）
压铸铝合金 A380	2.71	330	96	28
球墨铸铁	7.10	450	36	12
钛合金 TC4	4.43	950	7	350
玻璃纤维增强塑料	1.75	180	0.3	65

续表

材料类型	密度 /（$g \cdot cm^{-3}$）	抗拉强度 /MPa	导热系数 /（$W \cdot m^{-1} \cdot K^{-1}$）	成本 /（元 · kg^{-1}）
铜合金 C11000	8.89	220	398	68
镍基高温合金	8.20	1 200	12	880
碳化硅颗粒增强铝	2.85	480	180	150
聚醚醚酮（PEEK）	1.32	100	0.25	420
钕铁硼永磁体合金	7.40	600	9	550
泡沫铜	2.30	80	280	95
镁锂合金	1.50	200	120	180
陶瓷涂层铝	2.68	310	150	75
形状记忆合金	6.45	800	18	680
玄武岩纤维复合材料	2.10	350	0.5	110
钨铜合金	15.20	750	210	320
聚苯硫醚（PPS）	1.35	85	0.4	130
金属基复合材料	3.20	700	45	280
超导冷却合金	8.75	950	5	1 200
聚酰亚胺薄膜	1.42	65	0.15	250
梯度功能材料	4.80	1 100	22	780

3. 车身框架材料

材料类型	密度 /（$g \cdot cm^{-3}$）	抗拉强度 /MPa	导热系数 /（$W \cdot m^{-1} \cdot K^{-1}$）	成本 /（元 · kg^{-1}）
高强度钢 HSLA350	7.85	350	50	8
铝锂合金 2099	2.63	530	120	180
碳纤维蜂窝夹层	1.20	800	5	420
竹纤维复合材料	0.98	150	0.15	95
3D 打印钛合金	4.50	1 100	7	680
镁铝层压板	1.95	380	90	220
石墨烯增强钢	7.20	1 450	65	350
凯夫拉 - 铝复合板	2.15	650	30	280
液态金属合金	6.80	1 700	15	850
生物降解塑料	1.05	40	0.12	75

续表

材料类型	密度 / ($g \cdot cm^{-3}$)	抗拉强度 /MPa	导热系数 / ($W \cdot m^{-1} \cdot K^{-1}$)	成本 / (元 $\cdot kg^{-1}$)
泡沫金属钛	2.50	420	18	520
碳化硼陶瓷涂层钢	7.60	980	25	380
聚碳酸酯蜂窝结构	1.18	120	0.3	160
锆合金	6.52	750	22	450
自修复聚合物	1.22	90	0.2	300
金属有机框架材料	0.85	30	0.08	680
氮化硅增强铝	2.78	600	140	210
超弹性镍钛合金	6.45	850	10	720
气凝胶复合材料	0.15	5	0.02	950
梯度碳纤维	1.45	1 300	8	580

5.2 车辆与交通工程

实验题目一：智能汽车科技体验与未来趋势

1. 实验目的

了解智能汽车的基础技术（如新能源、自动驾驶、车联网等）。掌握用 WPS 工具（文档、表格、AI 等）处理专业数据的初步方法。通过完成趣味性任务，产生对汽车行业的兴趣，建立专业认知框架。提高数据可视化与逻辑表达能力。

2. 实验工具

WPS 文字（文档编辑），WPS 表格（数据统计），WPS 演示（成果演示），WPS AI、DeepSeek、Kimi、豆包等 AIGC 工具（信息检索与辅助分析），网络浏览器（资料查询）。

3. 实验内容与步骤

1）智能汽车技术初探

（1）AI 问答互动，打开 AIGC 工具，输入问题：

“什么是智能汽车的三大核心技术？”

“自动驾驶的 L0 到 L5 级别分别代表什么？”

将答案整理到 WPS 文字文档中，并标注关键词（如电池、电机、电控等）。

（2）趣味概念设计，用 AIGC 工具生成一张“未来智能汽车”的设计图并配上简单描述。文字输入提示词示例（仅供参考，可根据需要编写）：生成一辆 2040 年的智能汽车设计图并配上简单描述，包含外观和功能等。

将生成内容粘贴到 WPS 文字文档中，并补充自己的创意（如飞行功能、太阳能充电等）。

2）新能源汽车销量数据分析

（1）自拟提示词，用 AIGC 工具生成《2024 年国内新能源汽车销量前 20 数据表》（含品牌、年度销量、续航里程、价格区间、电池品牌）。使用筛选功能找出年度销量前 5 的汽车品牌，并使用“条件格式”功能标出高销量数据。

（2）使用插入图表功能，生成柱形图展示年度销量前 5 的汽车品牌的年度销量对比。

（3）使用 WPS AI 的数据分析功能，输入提示词：“根据数据，预测明年新能源汽车市场的可能趋势”。将 AI 的分析结果与自己的设想进行对比，保存结果。

3）成果展示与总结

使用 WPS 演示制作 PPT，需包含：

（1）智能汽车的三大核心技术。

（2）AI 生成的设计图及描述。

（3）销量数据图表。

（4）AI 趋势预测与个人对汽车行业的未来设想。

实验报告格式

实验题目：____

姓名：______________　学号：______________　日期：______________

1. 实验目的

（简要描述）

2. 实验工具

（列出使用的工具、资源）

3. 实验步骤记录

1）智能汽车技术的核心

2）数据图表截图（粘贴到文档中）

3）AI 趋势预测与个人观点对比

4. 成果展示

［相关文稿和演示文档（可插入 WPS 演示的截图或上传附件）］

5. 思考题

（1）如果让你设计一辆智能校车，你会加入哪些技术？为什么？

（2）数据分析中发现的年度销量最高的汽车品牌是否与其技术特点相关？举例说明。

（3）通过本次实验，你对汽车行业的认知发生了哪些变化？

实验题目二：城市路口交通流量及信号灯配时模拟与优化

1. 实验目的

初步理解交通工程中流量分析与优化的基本概念。掌握利用 WPS 表格工具进行数据整理与简单计算的方法。通过模拟实验，理解交通信号灯配时对通行效率的影响，产生对交通系统设计与智能优化的兴趣。

2. 实验工具

WPS 文字（文档编辑），WPS 表格（数据统计），WPS 演示（成果演示），WPS AI、DeepSeek、Kimi、豆包等 AIGC 工具（信息检索与辅助分析）。

3. 实验内容与步骤

1）数据导入与分析

（1）在 WPS 表格中打开附件中的某路口分时段车流及信号灯配时表（包含时间段、方向、车流量、当前绿灯时长、车道类型、总周期时长）。

使用“数据透视表”，统计各方向车流量的最大值、最小值及平均值。

（2）根据现有信号灯配时方案（如南北直行，绿灯时长为 60 s；东西直行，绿灯时长为 30 s），计算各方向车辆平均等待时间（也可以在数据透视表中体现）。

（3）计算各方向的单方向延误时间［单方向延误时间 = 车流量 ×（周期总时长 − 绿灯时长）/ 周期总时长］，找出平均延误时间最长的方向。通过调整不同时间段的绿灯时长优化信号灯配时方案，使得每个方向的平均延误时间基本相等。

2）配时优化方案

使用 AIGC 工具生成优化方案，将 AI 的建议方案与自己的优化方案进行对比，分析差异及原因。

4. 成果展示

使用 WPS 演示制作 PPT，需包含原始数据图表、优化前后对比、AI 与个人的优化方案对比。

实验报告格式

实验题目：____

姓名：______________　学号：______________　日期：______________

1. 实验目的

（简要描述）

2. 实验工具

（列出使用的工具、资源）

3. 数据处理过程

（插入 WPS 表格中关键数据表的截图）

4. 优化方案对比

不同配时方案中的绿灯时长

单位：s

配时方案	东西右转	东西直行	东西左转	南北右转	南北直行	南北左转	总延误
原始方案							
均等方案							
建议方案							

5. 思考题

（1）若某个方向有大量行人过街需求，优化方案时需增加哪些参考量？

（2）紧急车辆（如救护车）通行时，如何临时调整信号灯时长？

（3）早高峰与晚高峰的优化方案是否应该不同？并说明理由。

附件：某路口分时段车流及信号灯配时（模拟数据，仅供本书实验使用）

时间段	方向	车流量/（辆/h）	当前绿灯时长/s	车道类型	总周期时长/s
早高峰 7:00—8:00	南北直行	520	65	常规车道	180
早高峰 7:00—8:00	南北左转	180	30	专用左转车道	180
早高峰 7:00—8:00	南北右转	220	20	右转专用道	180
早高峰 7:00—8:00	东西直行	410	35	常规车道	180
早高峰 7:00—8:00	东西左转	150	25	非对称车道 *	180
早高峰 7:00—8:00	东西右转	90	15	右转专用道	180
早高峰 8:00—9:00	南北直行	580	70	常规车道	180
早高峰 8:00—9:00	南北左转	210	35	专用左转车道	180
早高峰 8:00—9:00	南北右转	250	25	右转专用道	180
早高峰 8:00—9:00	东西直行	390	30	常规车道	180
早高峰 8:00—9:00	东西左转	130	20	非对称车道 *	180
早高峰 8:00—9:00	东西右转	85	15	右转专用道	180
早高峰 9:00—10:00	南北直行	450	60	常规车道	150
早高峰 9:00—10:00	南北左转	160	25	专用左转车道	150
早高峰 9:00—10:00	南北右转	190	20	右转专用道	150
早高峰 9:00—10:00	东西直行	360	40	常规车道	150
早高峰 9:00—10:00	东西左转	120	20	非对称车道 *	150
早高峰 9:00—10:00	东西右转	70	10	右转专用道	150
晚高峰 17:00—18:00	南北直行	480	60	常规车道	160
晚高峰 17:00—18:00	南北左转	170	30	专用左转车道	160
晚高峰 17:00—18:00	南北右转	200	25	右转专用道	160
晚高峰 17:00—18:00	东西直行	530	40	常规车道	160
晚高峰 17:00—18:00	东西左转	240	35	非对称车道 *	160
晚高峰 17:00—18:00	东西右转	160	20	右转专用道	160
晚高峰 18:00—19:00	南北直行	430	55	常规车道	160
晚高峰 18:00—19:00	南北左转	150	25	专用左转车道	160
晚高峰 18:00—19:00	南北右转	180	20	右转专用道	160
晚高峰 18:00—19:00	东西直行	590	45	常规车道	160
晚高峰 18:00—19:00	东西左转	260	40	非对称车道 *	160

续表

时间段	方向	车流量 /（辆 /h）	当前绿灯时长 /s	车道类型	总周期时长 /s
晚高峰 18:00—19:00	东西右转	180	25	右转专用道	160
晚高峰 19:00—20:00	南北直行	380	50	常规车道	140
晚高峰 19:00—20:00	南北左转	130	20	专用左转车道	140
晚高峰 19:00—20:00	南北右转	160	15	右转专用道	140
晚高峰 19:00—20:00	东西直行	510	50	常规车道	140
晚高峰 19:00—20:00	东西左转	220	30	非对称车道 *	140
晚高峰 19:00—20:00	东西右转	140	20	右转专用道	140

5.3 能源与动力工程

实验题目一：风的力量——小型风力发电系统能量转化探秘

1. 实验目的

初步理解能源转化与利用的基本原理（如从风能转化成机械能，再转化成电能）。掌握计算简单能量效率的方法。通过模拟数据分析与可视化，养成工程思维习惯，产生对新能源技术与动力工程的兴趣。

2. 实验工具

WPS 文字（文档编辑），WPS 表格（数据统计），WPS 演示（成果演示），WPS AI、DeepSeek、Kimi、豆包等 AIGC 工具（信息检索与辅助分析），网络浏览器（资料查询）。

3. 实验内容与步骤

1）风力发电系统认知

（1）使用网络浏览器搜索小型风力发电机结构图，观察叶片、发电机、塔架等核心部件。

（2）在 WPS 文字中完成以下内容：

用文字描述风力发电的工作流程。

使用 WPS AI 生成一张风力发电机示意图。提示词示例（仅供参考，可根据需要编写）：生成一张标注叶片、发电机、塔架的风力发电简笔画。

思考：为什么叶片通常是流线型设计？

2）能量转化效率模拟

在 WPS 表格中完成以下任务。

（1）根据提供的示例数据（见表 5-1），计算不同风速下的能量转化效率（能量转化效率 = 发电功率 / 理论风能功率 ×100%）。

表 5-1　示例数据

风速 / ($m \cdot s^{-1}$)	理论风能功率 /kW	发电功率 /kW	能量转化效率
5	1.2	0.3	
8	4.9	1.1	
10	9.6	2.0	
12	16.6	3.2	

（2）绘制“风速 - 能量转化效率”曲线图，分析效率变化趋势。

思考：为什么能量转化效率会随风速变化？

3）创意优化方案

（1）用 AIGC 工具生成一个“新型风力发电装置”概念图。文字输入提示词示例（仅供参考，可根据需要编写）：设计一种高效海上风力发电机，结合流体力学描述其特点。

（2）使用 WPS 演示制作 PPT，需包含：

AI 生成的概念图截图；设计亮点（如叶片形状优化、储能方式创新等）的文字说明。

实验报告格式

实验题目：____

姓名：______________ 学号：______________ 日期：______________

1. 实验目的

（简要描述）

2. 实验工具

（列出使用的工具、资源）

3. 实验记录

1）风力发电核心部件与功能

部件 1：__________，功能：__________。

部件 2：__________，功能：__________。

……

2）WPS AI 生成的风力发电机示意图

（截图粘贴）

3）风速 - 能量转化效率曲线图

（截图粘贴）

4. 数据分析与发现

（1）风速从 5 m/s 增加到 12 m/s 时，能量转化效率的变化趋势为__________，可能的原因是__________。

（2）个人设计的未来风机的创新点为__________，其能量转化的优势是__________。

5. 成果展示

[相关文字、表格和 PPT（可插入 WPS 演示的截图或上传附件）]

6. 思考题

（1）为什么实际发电功率始终小于理论风能功率？

（2）风能技术在未来能源体系中可能面临哪些挑战？

实验题目二：绿色能源大比拼——太阳能与风能系统效能分析

1. 实验目的

通过对比太阳能和风能的基础数据，建立对能量转化效率的直观认知。掌握基础数据处理与可视化的方法，理解气象参数对能源系统的影响。利用 WPS 工具（表格、AI 等）完成对能源方案的初步评估与优化。产生对可再生能源技术的探索兴趣。

2. 实验工具

WPS 文字（文档编辑），WPS 表格（数据统计），WPS 演示（成果演示），WPS AI、DeepSeek、Kimi、豆包等 AIGC 工具（信息检索与辅助分析）。

3. 实验内容与步骤

1）数据获取与背景学习

在 WPS 表格中打开提供的数据集中选择一类（太阳能、风能发电数据组），并仔细阅读。

2）数据分析与可视化

在 WPS 表格中完成以下任务。

数据清洗：删除异常值（如光伏效率大于 22% 或小于 10% 的记录）。

公式计算：新增“单位面积日产能”列。

太阳能数据公式：单位面积日产能 = 日发电量 / 光伏板面积

风能数据公式：单位面积日产能 = 日发电量 / 风机扫掠面积

条件格式：用渐变色标注温度和空气密度对日发电量的影响。

图表制作：根据太阳能发电数据组，创建“光照时长 - 发电量”散点图；根据风能发电数据组，创建“风速 - 发电量”曲线图。

4. 效能优化方案

（1）使用 WPS AI 生成优化方案（需综合判断其合理性）。文字输入提示词示例（仅供参考，可根据需求编写）：如何在阴雨天气提高太阳能系统的发电量？给出 3 种工程改进的思路。

（2）在 WPS 文档中撰写结论：选定最适合风能或太阳能的城市（需综合发电量、环境适应性）、提出系统优化方案（如增加反射板或调整风机叶片角度）。

（3）使用 WPS 演示制作 PPT。

实验报告格式

实验题目:______________________________

姓名:__________　学号:__________　日期:__________

1. 实验目的

(简要描述)

2. 实验工具

(列出使用的工具、资源)

3. 研究对象

能源类型:□太阳能□风能

重点参数:__________(如光照时长、风速等)。

4. 数据分析

高效能地点:__________(附数据截图)。

图表核心结论:__________(如光伏效率每提升 1%,日发电量增加 0.15 kW·h)。

环境影响因素:__________(如温度升高导致光伏效率下降)。

5. 效能优化方案

改进方案:__________(列举 2 种方法)。

创新方案:__________(利用 AIGC 工具的回答结合自己思考总结关键句)。

6. 思考题

(1)若某个地区同时具备强风和强光照,应如何设计混合能源系统?

(2)为什么高风速不一定带来发电量线性增长(参考风机功率曲线)?

(3)WPS 表格中的“空气密度”参数对风能计算有何重要意义?

附件：太阳能、风能发电实验数据（模拟数据，仅供本书实验使用）

1. 太阳能发电数据组

地点	日均光照时长 /h	光伏板效率 /%	温度 /℃	日发电量 /kW · h	光伏板面积 /m²
拉萨	8.5	18	15	4.1	2.7
上海	4.2	16	28	1.8	2.7
乌鲁木齐	7.2	17	20	3.3	2.7
成都	3.8	15	25	1.2	2.1
西宁	7.8	18	12	4.3	3.1
三亚	6.0	16	32	2.5	2.6
哈尔滨	5.1	14	18	1.9	2.7
昆明	6.5	17	22	3.0	2.7
兰州	6.3	16	19	2.7	2.7
呼和浩特	6.7	17	17	3.1	2.7
杭州	4.5	15	26	1.5	2.2
西安	5.8	16	24	2.3	2.5
银川	7.0	17	16	3.4	2.9
贵阳	4.0	14	21	1.3	2.3
合肥	4.8	15	27	1.7	2.4
太原	6.2	16	20	2.6	2.6
长春	5.3	14	16	1.8	2.4
南昌	5.5	15	30	2.0	2.4
南宁	5.7	16	29	2.4	2.6
石家庄	5.9	15	23	2.1	2.4

2. 风能发电数据组

地点	平均风速 /（m/s）	风机效率 / %	空气密度 /（kg/m³）	日发电量 / kW · h	风机扫掠面积 /m²
酒泉	6.8	32	1.12	5.2	5 027
广州	3.5	25	1.18	1.1	2 827
张家口	7.2	34	1.10	6.0	5 675
福州	4.0	28	1.16	1.8	3 848
哈密	8.1	30	1.08	7.3	6 793
青岛	5.5	29	1.20	3.2	4 418
大连	6.0	31	1.22	4.1	5 027
厦门	4.5	27	1.17	2.3	3 848

续表

地点	平均风速 /（m/s）	风机效率 /%	空气密度 /（kg/m^3）	日发电量 /kW · h	风机扫掠面积 /m^2
银川	5.8	30	1.13	3.8	4 418
海口	3.8	26	1.19	1.3	2 827
南通	4.2	28	1.21	1.9	3 848
吐鲁番	7.5	33	1.06	6.5	6 793
烟台	5.3	29	1.23	3.0	4 418
珠海	3.6	24	1.20	1.0	2 827
包头	6.5	31	1.14	4.8	5 027
唐山	4.8	27	1.15	2.2	3 848
湛江	3.9	25	1.18	1.2	2 827
西宁	5.0	28	1.11	2.7	3 848
连云港	4.6	26	1.19	1.7	3 848
延安	5.2	29	1.13	2.9	4 418

5.4 材料科学与工程

实验题目一：材料的奥秘——日常物品背后的科学探索

1. 实验目的

初步理解材料的分类（如金属、陶瓷、高分子、复合材料等）与基本性能。理解材料性能（如强度、密度、耐温性等）与日常用品的关联。通过数据整理与 AI 工具辅助分析，养成科学思维习惯，产生对材料设计与创新的兴趣。

2. 实验工具

WPS 文字（文档编辑），WPS 表格（数据统计），WPS 演示（成果演示），WPS AI、DeepSeek、Kimi、豆包等 AIGC 工具（信息检索与辅助分析）。

3. 实验内容与步骤

1）材料观察与分类

（1）观察日常用品，如饮料瓶、运动鞋、锅具、眼镜等，分析其主要材料类型（如塑料、橡胶、金属、玻璃等）。

（2）在 WPS 文档中完成表格，包含如下几列：

日常用品名称	主要材料类型 （如金属、陶瓷、高分子、复合等）	选用该材料的原因 （如轻便、耐热等）

（3）使用 AIGC 工具生成材料结构示意图。文字输入提示词示例（仅供参考，可根据需要编写）：生成金属晶体结构和高分子链结构的对比图。使用网络浏览器核对生成的结构图，如有错误重新生成。

2）材料性能参数分析

（1）数据整理：在 WPS 表格中打开附件提供的材料性能数据，并仔细阅读。

（2）数据分析：用公式计算抗拉强度 - 密度比（抗拉强度 - 密度比 = 抗拉强度 / 密度），使用“排序”功能找出综合性能最优的材料。

绘制“密度 - 抗拉强度”散点图，观察不同材料的分布规律。

思考：为什么碳纤维复合材料既轻量化又高强？

3）未来材料优化方案

（1）AI 灵感激发：用 WPS AI 生成一种“新型环保材料”的概念图。文字输入提示词示例（仅供参考，可根据需要编写）：设计一种可降解的高强度包装材料，描述其成分与结构。

（2）使用 WPS 演示中制作 PPT，需包含：AI 生成的概念图截图、设计亮点（如生物基原料、自修复功能等）的文字说明。

实验报告格式

实验题目：____

姓名：______________ 学号：______________ 日期：______________

1. 实验目的

（简要描述）

2. 实验工具

（列出使用的工具、资源）

3. 实验记录

1）日常用品的材料分类表

（至少 3 个物品）

2）WPS AI 生成的材料结构图

（截图粘贴）

3）密度 - 抗拉强度散点图

（截图粘贴）

4. 分析与发现

（1）抗拉强度 - 密度比最高的材料是____________，其优势应用场景是____________。

（2）个人设计的新型材料创新点是____________，其可能解决的问题是____________。

5. 思考题

（1）为什么锅具手柄通常用塑料而非金属制作（提示：导热性、安全性）？

（2）如果材料的密度增加但强度不变，会对产品设计产生哪些影响？

（3）AI 工具在材料研发中如何辅助科学家？

附件：材料性能数据（模拟数据，仅供本书实验使用）

材料名称	类型	密度 / （$g \cdot cm^{-3}$）	抗拉强度 / MPa	耐温性 / ℃	导电性	延展性 / %	典型应用场景
铝合金 6061	金属	2.7	310	300	高	12	飞机框架、自行车车架
钛合金 Ti-6Al-4V	金属	4.4	950	500	中	10	航空航天发动机部件
低碳钢（Q235）	金属	7.8	370	400	高	25	建筑钢筋、桥梁结构
铜（纯）	金属	8.9	220	250	极高	50	电线、散热器
镁合金 AZ31	金属	1.8	260	150	中	15	汽车方向盘、3C 外壳
钨合金	金属	19.3	1 510	1 000	低	2	穿甲弹、高温模具
镍钛诺（形状记忆）	金属	6.5	800	200	低	8	医用支架、智能弹簧
氧化铝陶瓷	陶瓷	3.9	300	1 500	低	0.1	高温炉衬、切削刀具
碳化硅陶瓷	陶瓷	3.2	450	1 600	低	0.05	核反应堆部件、刹车片
玻璃（钠钙）	陶瓷	2.5	50	500	低	0	窗户、瓶罐
石墨（块体）	陶瓷	2.2	20	3 000	高	0.5	电极、耐火材料
聚乙烯（HDPE）	高分子	0.95	30	80	低	500	塑料袋、水管
聚碳酸酯（PC）	高分子	1.2	65	130	低	120	防弹玻璃、眼镜片
聚四氟乙烯（PTFE）	高分子	2.2	25	260	低	300	不粘锅涂层、密封圈
环氧树脂	高分子	1.1	70	150	低	5	胶黏剂、电路板基材
天然橡胶	高分子	0.92	20	80	低	800	轮胎、橡皮筋

续表

材料名称	类型	密度 / ($g \cdot cm^{-3}$)	抗拉强度 / MPa	耐温性 / ℃	导电性	延展性 / %	典型应用场景
碳纤维复合材料	复合材料	1.6	1 500	200	低	1.5	赛车车身、无人机框架
玻璃纤维增强塑料	复合材料	1.9	350	180	低	2	船体、水箱
夹层泡沫铝	复合材料	1.0	120	250	中	10	轻质隔板、缓冲结构
石墨烯 - 聚合物薄膜	复合材料	1.3	200	150	高	3	柔性显示屏、传感器

实验题目二：未来材料探秘——科技产品中的材料革新

1. 实验目的

了解新材料（如石墨烯、碳纤维、生物降解塑料等）的特性与应用场景。学会运用数据对比分析材料性能的优劣。利用 AI 工具探索材料科学的前沿发展，养成科学思维习惯与提高跨学科联系能力。

2. 实验工具

WPS 文字（文档编辑），WPS 表格（数据统计），WPS 演示（成果演示），WPS AI、DeepSeek、Kimi、豆包等 AIGC 工具（信息检索与辅助分析），网络浏览器（资料查询）。

3. 实验内容与步骤

1）前沿材料案例选择

从以下领域中选择 3 种科技产品，并研究其核心材料：电子领域（如柔性屏幕、快充电池）、环保领域（如可降解包装、太阳能电池板）、医疗领域（如人工骨骼、抗菌涂层）。

使用 WPS 文字记录产品名称、材料名称及简介［例如，柔性屏幕：采用有机发光二极管（OLED）材料，具有可弯曲特性］。

在 WPS 表格中建立表格，包含“材料名称”“关键性能（如导电性、强度、降解时间等）”“应用优势”“局限性”等列。

2）性能数据挖掘

通过 WPS AI 或网络浏览器的搜索引擎补充材料性能数据。

提示词示例（仅供参考，可根据需要编写）：石墨烯的导电性是铜的多少倍？列举其在电池领域的应用案例。将答案中的关键数据（如导电性是铜的 100 倍）填入表格，并用 WPS 表格生成“性能对比雷达图”或“应用领域分布图”。

3）AI 模拟材料设计

假设你是材料工程师，使用 AIGC 工具提问解决实际问题（需综合判断其合理性）。

提示词示例（仅供参考，可根据需要编写）：如果想让无人机更轻且耐高温，推荐哪种材料？需满足成本低于 500 元 /g。将 AI 回答的候选材料（如碳纤维增强聚合物等）及分析整理到文档中，标注重点参数（如密度、耐热温度、成本）等。

4. 成果展示

使用 WPS 演示制作 3 页 PPT，需包含以下内容。

第 1 页：所选材料案例与图片。

第 2 页：数据图表与 AI 推荐结论。

第 3 页：设想一种“未来材料”（如自修复材料），描述其可能的应用场景。

实验报告格式

实验题目：______________________________

姓名：____________ 学号：____________ 日期：____________

1. 实验目的

（简要描述）

2. 实验工具

（列出使用的工具、资源）

3. 材料性能分析表

（插入 WPS 表格的截图或上传附件）

4.AI 模拟材料设计

（思考 AIGC 工具推荐的材料是否合理并给出理由）

5. 思考题

（1）为什么碳纤维比铝合金更适合于航空航天领域？至少列举 2 个原因。

（2）如果一种新材料的导电性极强但成本高昂，你认为哪些领域会优先使用它？

（3）通过实验，你认为 AI 工具对材料研究有何帮助？可能存在哪些不足？

5.5 电气信息工程

实验题目一：电力系统初体验——基于真实能耗数据的智能家居分析

1. 实验目的

理解电气信息工程中的数据驱动思维，掌握 WPS 表格的数据筛选、统计与可视化功能，学习基础电能计算与设备选型逻辑，具备专业数据分析意识。

2. 实验工具

WPS 文字（文档编辑），WPS 表格（数据统计），WPS 演示（成果演示），WPS AI、DeepSeek、Kimi、豆包等 AIGC 工具（信息检索与辅助分析），网络浏览器（资料查询）。

3. 实验内容与步骤

1）数据认知

（1）使用 WPS 表格打开附件提供的家庭 24 小时用电数据，使用“数据筛选”工具找出功率大于 1 000 W 的高能耗设备。

（2）统计 19:00—21:00 用电高峰的设备类型。

2）可视化分析

（1）插入用电曲线图（X 轴表示时间，Y 轴表示总功率）。

（2）用条件格式标注 19:00—21:00 的用电高峰。

（3）借助 AIGC 工具分析附件提供的家庭 24 小时用电数据是否存在问题。文字输入提示词示例（仅供参考，可根据需要编写）：根据附件的用电数据，分析家庭电路设计可能存在的问题。需思考 AIGC 工具的分析是否合理。

3）设备选型

（1）使用表格函数计算断路器容量需求（总电流 = 总功率 /220 V）。

（2）借助 AIGC 工具和网络浏览器，查找预设载流量对照表，选择进户线线缆的截面积，综合判断 AIGC 工具回答的合理性。

（3）建议设备选型。

推荐断路器型号：____________________，依据：____________________。

4）优化方案

利用数据透视表统计各设备能耗占比。

利用圆环图展示能耗分布。

使用 WPS AI 生成节能改造方案（如光伏储能系统配置建议）。

实验报告格式

实验题目:______________________________

姓名:______________ 学号:______________ 日期:______________

1. 实验目的

(简要描述)

2. 实验工具

(列出使用的工具、资源)

3. 数据认知

(1)日总耗电量:______________kW·h。

(2)最大瞬时功率:______________W(发生于____:____)。

4. 可视化分析

1)数据认知表格

2)负荷分析图

(插入用电曲线图与能耗分布图的截图)

3)家庭电路分析

5. 设备选型及优化方案

(1)推荐断路器型号为______________,依据为______________。

(2)优化方案:______________。

6. 思考题

(1)用电曲线晚高峰特征与居民生活习惯有何关联?

(2)若增加电动汽车充电桩(7 kW),现有电路需如何改造?

(3)数据中的电压波动可能反映哪些电网质量问题?

附件：家庭 24 小时用电数据（模拟数据，仅供本书实验使用）

时间	设备类型	功率 /W	电压 /V
08:00	空调	1 850	220
08:15	冰箱	150	218
08:30	照明	40	220
09:00	电脑	300	220
09:20	空调	2 100	219
10:00	洗衣机	800	221
10:30	微波炉	1 200	220
11:00	热水器	2 500	217
11:45	照明	60	220
12:15	电视	200	220
13:00	空调	2 300	220
13:30	充电器	50	219
14:10	冰箱	180	220
14:50	照明	30	221
15:20	电脑	280	219
16:00	空调	1 950	220
16:40	加湿器	100	218
17:15	烤箱	1 500	220
18:00	照明	80	219
18:30	热水器	2 500	216
19:05	电视	180	220
19:40	空调	2 200	219
20:15	游戏机	350	220
20:50	照明	50	220
21:30	洗碗机	1 200	221

续表

时间	设备类型	功率 /W	电压 /V
22:00	空调	1 800	220
22:20	充电器	30	219
23:00	冰箱	130	218
23:30	照明	20	220
00:15	路由器	15	220
01:00	空调	1 600	222
01:45	热水器	2 500	215
02:30	冰箱	170	220
03:10	异常设备	5 000	180
03:50	空调	1 750	220
04:20	照明	10	219
05:00	热水器	2 500	217
05:40	冰箱	160	218
06:15	空调	1 900	220
06:50	咖啡机	900	221
07:30	照明	60	220
08:00	微波炉	1 100	219
08:25	电视	220	220
08:45	空调	2 050	220
09:10	洗衣机	750	219
09:35	照明	70	218
10:05	电脑	320	220
10:40	加湿器	120	219
11:20	烤箱	1 450	220
11:55	路由器	18	220

实验题目二：家庭用电安全与能耗分析

1. 实验目的

了解家庭电路的基本组成与用电安全知识。学习使用 WPS 表格进行数据统计与分析。通过实际数据分析电器能耗，建立节能意识。初步认识电气信息工程在生活中的应用场景。

2. 实验工具

WPS 文字（文档编辑），WPS 表格（数据统计），WPS 演示（成果演示），WPS AI、DeepSeek、Kimi、豆包等 AIGC 工具（信息检索与辅助分析）。

3. 实验内容与步骤

1）家庭电路图绘制

（1）利用 WPS 文字，使用“形状”工具绘制以下电路元件：电源（电池符号）、开关、灯泡、插座、导线。

（2）标注各元件名称，将电路元件组合成一个简单的家庭照明电路图（参考附件中的 1. 家庭电路图示例）。将文件保存为“学号 + 姓名_电路图 .doc”。

2）用电安全知识问答与数据统计

使用 WPS 表格打开附件中的 2. 家庭用电安全调查表，填写答案（共 10 题）。

3）电器能耗分析

（1）使用 WPS 表格打开附件中的 3. 家用电器能耗数据，查看不同电器（如冰箱、空调、电视等）的功率与日均使用时长。

（2）使用 WPS 表格公式计算总功率。

（3）借助 AIGC 工具分析家庭电器的用电情况，给出节能建议（需综合判断其合理性）。

实验报告格式

实验题目：________________________________

姓名：______________ 学号：______________ 日期：______________

1. 实验目的

（简要描述）

2. 实验工具

（列出使用的资源、工具）

3. 实验结果

1）电路图截图

（插入 WPS 文字中的电路图）

2）安全调查表参考答案

（插入附件中的 4. 家庭用电安全调查表参考答案）

3）能耗分析结论

（粘贴文字描述）

4. 思考题

（1）你认为哪一类用电行为最危险？为什么？

（2）若家中空调日均耗电 3 度，电费单价 0.6 元每度，每月电费增加多少？如何通过改变使用习惯减少能耗？

（3）本实验中，AIGC 工具如何帮助你理解电气信息工程的实际应用？

附件

1. 家庭电路图示例

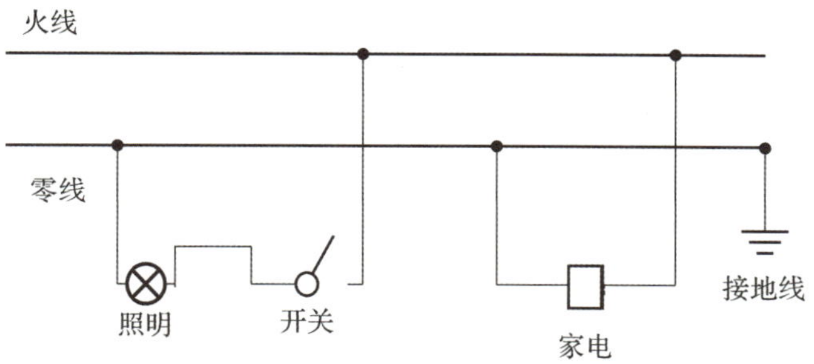

2. 家庭用电安全调查表

行为	判断
湿手触碰插座	
多个大功率电器（如空调、电磁炉）共用同一插座	
发现电线外皮破损时，用普通胶带包裹后继续使用	
电器进水后，擦干表面立即通电使用	
雷雨天气关闭电视、电脑等电器并拔掉电源插头	
儿童玩耍时，用手指或其他金属物品插入插座孔	
家中跳闸后，直接将空气开关强行推上继续用电	
拔插头时，直接用手拉电线拔出	
闻到焦糊味或发现电器冒烟时，立即切断电源并远离	
手机充电器长时间插在插座上不拔	

3. 家用电器能耗数据（模拟数据，仅供本书实验使用）

电器名称	功率 /W	日均使用时长 /h
冰箱	150	24
空调	2 000	5
电视	100	3
电热水壶	1 800	0.5

4. 家庭用电安全调查表参考答案

行为	判断
湿手触碰插座	错误（易触电）
多个大功率电器（如空调、电磁炉）共用同一插座	错误（易导致过载起火）
发现电线外皮破损时，用普通胶带包裹后继续使用	错误（需更换或使用绝缘胶带）
电器进水后，擦干表面立即通电使用	错误（须彻底干燥并检测）
雷雨天气关闭电视、电脑等电器并拔掉电源插头	正确（防雷击损坏）
儿童玩耍时，用手指或其他金属物品插入插座孔	错误（须使用保护盖）
家中跳闸后，直接将空气开关强行推上继续用电	错误（需排查故障原因）
拔插头时，直接用手拉电线拔出	错误（应捏住插头拔出）
闻到焦糊味或发现电器冒烟时，立即切断电源并远离	正确（防火灾）
手机充电器长时间插在插座上不拔	错误（存在空载损耗和火灾风险）

5.6 食品与生物工程

实验题目一：酸奶中的微生物世界——发酵过程模拟与产品设计

1. 实验目的

了解食品发酵的基本原理及微生物在食品加工中的作用。学习利用 WPS 工具进行数据模拟、可视化及产品设计。产生对食品科学与生物工程的兴趣，建立专业认知（如微生物应用、食品安全、产品开发等）。

2. 实验工具

WPS 文字（文档编辑），WPS 表格（数据统计），WPS AI、DeepSeek、Kimi、豆包等 AIGC 工具（信息检索与辅助分析），网络浏览器（资料查询）。

3. 实验内容与步骤

1）*发酵知识初探*

使用 WPS AI 或网络浏览器搜索以下问题：

使酸奶发酵的主要微生物是什么？

发酵过程中，乳酸菌如何影响牛奶的成分？

将以上问题的答案整理到 WPS 文字文档中，并插入一张酸奶发酵过程的示意图（可从网络下载或使用 AIGC 工具生成）。

2）*模拟发酵实验数据*

利用附件中的模拟乳酸菌发酵数据，在 WPS 表格中用折线图或柱形图展示温度与乳酸菌浓度的关系。

3）*产品设计方案*

根据模拟数据设计一款“理想酸奶”的包装标签。

在 WPS 文字文档中插入一个矩形框作为“包装模板”。添加以下内容：产品名称（如益生菌活力酸奶）、配料表（参考真实酸奶成分，用 WPS AI 生成建议）、发酵条件（选择实验中效果最佳的温度与时间组合）、营养成分表（虚构数据，需符合食品安全标准）。

使用 WPS AI 生成一句广告语。例如，“每一口都蕴含 1 亿活性乳酸菌！”

4. 实验总结与报告

整理实验过程，完成实验报告。

实验报告格式

实验题目：____

姓名：______________ 学号：______________ 日期：________________

1. 实验目的

（简要描述）

2. 实验工具

（列出使用的工具、资源）

3. 实验内容与结果

1）发酵知识初探

主要微生物：______________________。

发酵关键条件：______________________。

2）模拟发酵实验数据

（插入图表图片）

3）产品设计方案

（插入设计图）

4. 思考题

（1）为什么发酵酸奶需要控制温度？

（2）实验中用随机数据模拟的优缺点是什么？

（3）如果要改进酸奶口感，应关注哪些指标？

附件：模拟乳酸菌发酵数据（模拟数据，仅供本书实验使用）

温度 /℃	发酵时间 /h	乳酸菌浓度 /（10^6 CFU · mL^{-1}）
30	4	3.2
30	6	5.7
30	8	7.1
37	4	8.9
37	6	14.3
37	8	18.6
42	4	4.5
42	6	6.8
42	8	5.2

实验题目二：常见食品营养成分分析与健康建议

1. 实验目的

初步了解食品成分分析在食品科学与工程中的基础作用。掌握基础数据处理与可视化方法。认识生物工程技术在健康食品研发中的应用价值。产生对食品营养与人体健康关系的探索兴趣。

2. 实验工具

WPS 文字（文档编辑），WPS 表格（数据统计），WPS AI、DeepSeek、Kimi、豆包等 AIGC 工具（信息检索与辅助分析），网络浏览器（资料查询）。

3. 实验内容与步骤

1）数据录入与整理

（1）使用 WPS 表格打开附件中的常见食品营养成分表。

（2）使用排序功能将数据按热量从高到低排序。

2）基础数据分析

（1）使用 AVERAGE 函数计算各类营养素的平均值。

（2）创建柱形图展示不同食物的蛋白质含量对比。

（3）创建饼图展示三大营养素（蛋白质、脂肪、碳水化合物）在总热量中的比例。

3）AI 辅助分析

（1）将数据表格复制到 AIGC 工具对话框，输入提示词进行分析。提示词示例（仅供参考，如有需要自行编写）请根据表格数据，分析哪种食物适合健身人群，哪种适合控糖人群。

（2）将 AI 生成的建议（需要综合判断其合理性）整理到实验报告中。

4. 实验报告撰写

（1）在 WPS 文字中创建实验报告。

（2）插入数据表格和生成的可视化图表。

（3）用文字描述观察到的规律和 AI 建议。

实验报告格式

实验题目：____

姓名：______________ 学号：______________ 日期：______________

1. 实验目的

（简要描述）

2. 实验工具

（列出使用的资源、工具）

3. 数据记录

（粘贴排序后的数据表格）

4. 基础数据分析

1）营养素平均值

热量：__________kcal；

蛋白质：__________g；

脂肪：__________g；

碳水化合物：__________g；

纳：__________mg。

2）图表分析结论

（插入 WPS 表格中的柱形图和饼图的截图）

5. 健康建议

（结合 AI 生成的建议）

6. 思考题

（1）通过数据对比，你认为自己的日常饮食结构是否合理？

（2）如果研发低卡食品，那么应该重点调整哪些营养成分？

（3）生物工程技术可能通过哪些方式改善食品的营养价值？

附件：常见食品营养成分表（模拟数据，仅供本书实验使用）

食物名称	热量 /kcal	蛋白质 /g	脂肪 /g	碳水化合物 /g	钠 /mg
纯牛奶	88	3.3	3.6	4.7	43
苹果	52	0.3	0.2	13.5	1
全麦面包	246	8.5	3.1	45.5	420
鸡胸肉	133	29.6	3.6	0	62
黑巧克力	598	7.8	43.1	45.9	15
西蓝花	34	2.8	0.4	6.6	33

5.7 环境与安全工程

实验题目一：校园环境质量监测与安全改善方案设计

1. 实验目的

了解环境监测的基本指标（如空气质量、噪声、污染物等）及其对健康的影响。学会利用 WPS 工具进行数据的整理、可视化及安全改善方案的设计。产生对环境与安全工程的兴趣，初步建立“监测 - 分析 - 干预”的专业思维。

2. 实验工具

WPS 文字（文档编辑），WPS 表格（数据统计），WPS AI、DeepSeek、Kimi、豆包等 AIGC 工具（信息检索与辅助分析），网络浏览器（资料查询）。

3. 实验内容与步骤

1）环境数据模拟与收集

模拟校园不同区域的空气质量与噪声数据。在 WPS 表格中创建如表 5-2 所示表格，使用公式［=RANDBETWEEN（下限，上限）］生成随机数据。例如，PM2.5 的取值范围设在 20~60，噪声强度的取值范围设在 50~80。

表 5-2　环境监测数据表

监测点	PM2.5/（$\mu g \cdot m^{-3}$）	噪声强度 /dB	CO^2 浓度 /ppm
教学楼走廊	35	65	800
食堂	55	75	1 200
操场	25	55	450
宿舍区	40	60	900

2）数据分析与可视化

分析数据并制作图表，找出环境问题最严重的区域。

（1）用 WPS 表格的条件格式功能标注超标数据（规则如 PM2.5>50 $\mu g \cdot m^{-3}$、噪声强度 >70 dB、CO_2 浓度 >1 000 ppm）。

（2）插入柱形图或雷达图，对比不同区域的污染指标。

（3）使用 AIGC 工具回答以下问题：①PM2.5 超标对人体有什么危害？②如何降低食堂区域的 CO^2 浓度？

3）安全改善方案设计

针对问题最严重的区域（如食堂），设计安全改善方案。在 WPS 文字中制作 1 页简易方案，需包含：问题描述（结合数据分析结果）；改善措施（如增加通风设备、设置隔音屏、摆放绿植）；环保标语（用 WPS AI 生成，例如，清新空气，健康呼吸！）；一张改善前后对比图（可从网络搜索或手绘草图拍照上传）。

4. 实验总结与报告

整理实验过程，完成实验报告。

实验报告格式

实验题目:______________________________

姓名:______________ 学号:______________ 日期:______________

1. 实验目的

（简要描述）

2. 实验工具

（列出使用的资源、工具）

3. 实验内容与结果

1）监测数据表

（插入表格的截图）

2）数据分析图表

（插入 WPS 表格中的柱形图和雷达图）

3）安全改善方案

（插入方案文档的截图）

4. 思考题

（1）实验中，哪个区域的污染问题最严重？可能的原因是什么？

（2）设计的安全改善方案是否具有可行性？请结合成本或技术简单性说明。

（3）如果需要长期监测校园环境，你会增加哪些监测指标？

实验题目二：校园生活区噪声分布模拟与降噪方案设计

1. 实验目的

了解噪声污染的基础概念及测量方法。掌握利用 WPS 工具进行数据整理、图表分析及 AI 辅助方案设计的方法。通过模拟数据体验环境工程中“监测 - 分析 - 改善”的流程，初步建立专业认知。产生从实际生活场景中发现环境问题、提出安全改善方案的兴趣。

2. 实验工具

WPS 文字（文档编辑），WPS 表格（数据统计），WPS AI、DeepSeek、Kimi、豆包等 AIGC 工具（信息检索与辅助分析），网络浏览器（资料查询）。

3. 实验内容与步骤

1）实验背景学习

阅读附件中的 1. 噪声强度标准参考表。

了解噪声对人体健康（如损伤听力、干扰睡眠等）和环境安全的影响。

2）数据整理与可视化

在 WPS 表格中打开附件中的 2. 校园噪声模拟数据表。

使用筛选功能找出噪声超标的区域及时段。

生成柱形图或折线图，对比各区域噪声水平（例如，操场的噪声强度在午休时间骤升）。

3）AI 辅助分析

将图表截图插入 AIGC 工具的对话框，输入参考提示词：哪些区域噪声问题最严重？可能的原因是什么？根据数据（如食堂附近午间噪声强度因人流聚集而升高），综合评估 AI 回答的正确性，总结关键结论。

4）降噪方案设计

针对超标区域，设计 1~2 种降噪方案（例如，在宿舍楼周围增加绿化带吸收噪声）。

用 AIGC 工具生成方案示意图（参考输入提示词：生成一个用树木隔离噪声的简笔画）。

5）实验报告整理

使用 WPS 文字撰写报告，包含数据分析结果、方案描述及 AI 生成的示意图。

实验报告格式

实验题目：____

姓名：________________ 学号：________________ 日期：________________

1. 实验目的

（简要描述）

2. 实验工具

（列出使用的资源、工具）

3. 数据分析结果

1）噪声超标区域及时段

2）各区域噪声水平

（插入柱形图或折线图）

4. 降噪方案设计

1）方案名称

2）实施方法

3）预期效果

5. 思考题

（1）若某区域在凌晨的噪声值异常高，可能是什么原因？如何验证？

（2）为什么树木能降低噪声？请用物理学原理解释。

（3）通过实验，你对环境与安全工程专业有了哪些新认识？

附件

1. 噪声强度标准参考表

区域类型	日间标准 /dB	夜间标准 /dB
教学区（教室）	≤ 55	≤ 45
学生宿舍	≤ 50	≤ 40
操场	≤ 70	≤ 60

2. 校园噪声模拟数据表（模拟数据，仅供本书实验使用）

监测点	时段	噪声强度 /dB
1 号教学楼南侧	08:00—09:00	52
2 号宿舍楼东侧	12:00—13:00	63
操场中央	16:00—17:00	78
食堂入口	11:30—12:30	68
图书馆周边	21:00—22:00	48

5.8 智能建造

实验题目一：桥梁结构探索与简易模型设计

1. 实验目的

了解土木工程中桥梁结构的基本类型与功能。通过数据分析与可视化工具，掌握工程问题的初步研究方法。产生对结构力学与工程设计的兴趣。提高团队协作能力与创新意识。

2. 实验工具

WPS 文字（文档编辑），WPS 表格（数据统计），WPS 演示（成果演示），WPS AI、DeepSeek、Kimi、豆包等 AIGC 工具（信息检索与辅助分析），网络浏览器（资料查询）。

3. 实验内容与步骤

1）桥梁结构类型认知

附件提供 10 座世界著名桥梁（如赵州桥、港珠澳大桥等），通过网络浏览器的搜索引擎查找这 10 座桥梁图片与简介，填写表格，记录桥梁名称、结构类型、主要材料、最大跨度（单位：m）。

2）数据分析与可视化

使用 WPS 表格整理各组数据，统计不同结构类型的占比（如悬索桥占 30%）。

生成柱形图或饼图，分析"结构类型与材料的关系"或"跨度与结构类型的关联"。

用 AIGC 工具生成一段文字结论（参考提示词：悬索桥多用于大跨度场景，钢材料是主流选择）需综合评估其合理性。

3）桥梁创意设计

每组学生选择一个未在案例中出现的场景（如山区河流、城市公园），用 AIGC 工具生成桥梁创意设计描述（输入提示词：山区河流 + 木结构 + 环保）。

根据 AI 建议，使用 WPS 演示制作 PPT，需包含如下内容。

（1）桥梁名称与场景需求。

（2）结构类型与材料选择理由。

（3）手绘简图（可用 WPS 形状工具拼接）。

各组将方案整合为 PPT，进行 3 min 演讲。

4. 展示与讨论

（1）轮流展示设计方案，一组展示时，其他组用 WPS 文字文档记录展示组方案的优缺点并提出改进建议。

（2）教师总结桥梁设计核心原则（安全性、经济性、美观性），并分享真实工程案例。

实验报告格式

实验题目:____

姓名:____________ 学号:____________ 日期:____________

1. 实验目的

(简要描述)

2. 实验工具

(列出使用的资源、工具)

3. 桥梁结构类型认知

(完成表格)

4. 数据分析结果

(插入生成的柱形图或饼图,并附上 AI 生成的结论文字)

5. 设计方案展示

[插入 PPT 截图,并附上设计方案文字描述(含场景、结构、材料)]

6. 思考题

(1)哪些结构类型适合大跨度桥梁?为什么?

(2)如果要在沙漠中建造一座桥梁,你会优先考虑哪些因素?

(3)AIGC 工具在土木工程设计中可以发挥哪些作用?

附件：世界著名桥梁

序号	桥梁名称	国家 / 地区	结构类型
1	赵州桥	中国（河北）	石拱桥
2	港珠澳大桥	中国（粤港澳）	斜拉桥 / 沉管隧道组合桥
3	南京长江大桥	中国（江苏）	桁架桥（公铁两用）
4	明石海峡大桥	日本	悬索桥
5	悉尼海港大桥	澳大利亚	钢桁架拱桥
6	朝天门长江大桥	中国（重庆）	钢桁架拱桥
7	西堠门大桥	中国（浙江）	钢箱梁悬索桥
8	卢浦大桥	中国（上海）	中承式钢拱桥
9	亨伯桥	英国	悬索桥
10	天峨龙滩特大桥	中国（广西）	上承式混凝土拱桥

实验题目二：智能楼宇能耗分析与优化方案设计

1. 实验目的

了解智能楼宇中能源消耗的基本组成及分析流程。掌握用表格工具处理数据、生成可视化图表的方法。通过数据分析提出节能优化方案，体验智能建造中“数据驱动决策”的理念。提高团队协作与问题解决能力。

2. 实验工具

WPS 文字（文档编辑），WPS 表格（数据统计），WPS 演示（成果演示），WPS AI、DeepSeek、Kimi、豆包等 AIGC 工具（信息检索与辅助分析），网络浏览器（资料查询）。

3. 实验内容与步骤

1）数据录入

使用 WPS 表格打开附件中的 1. 某高校实验楼能耗数据。

2）基础数据分析

计算表格中实验楼所有记录的总能耗；计算表格中“照明”的平均单条记录能耗；找出表格中能耗最高的单条记录，显示对应的日期、区域和设备类型。

调用 WPS AI 的“图表生成”功能，选择柱状图或饼图展示各区域的能耗占比。

分析能耗趋势：筛选出工作日与周末的能耗数据，对比差异。

3）优化方案设计

分组讨论（三四个学生）：根据图表结论，提出节能优化建议（如更换节能灯具、安装传感器控制空调开关等）。

在 WPS 表格中新建“优化方案模拟”工作表，估算方案实施后的能耗降低比例（例如，更换 LED 灯可减少照明能耗 20%）。

用 WPS AI 生成方案摘要，包括预期效果、成本估算（参考附件中的 2. 设备单价）。

4）实验报告制作

在 WPS 演示中创建 3 页 PPT。

第 1 页：原始数据分析图表与结论。

第 2 页：优化方案图文说明（可插入设备示意图或 AI 生成的流程图）。

第 3 页：团队分工与实验心得。

实验报告格式

实验题目:______________________________

姓名:______________ 学号:______________ 日期:______________

1. 实验目的

(简要描述)

2. 实验工具

(列出使用的资源、工具)

3. 数据图表

(可插入柱状图或饼图,并标注能耗占比最高的区域)

4. 优化方案

1)方案名称

2)优化建议

3)预期效果

4)成本估算

5. 思考题

(1)实验中,哪个区域的能耗最高?可能的原因是什么?

(2)如果预算有限,你会优先实施哪组同学的优化方案?为什么?

(3)WPS AI 在数据分析中起到了哪些辅助作用?

附件

1. 某高校实验楼能耗数据（模拟数据，仅供本书实验使用）

日期	是否工作日	时间段	区域	设备类型	能耗 /kW · h
2025-03-01	否（周六）	早（6:00—12:00）	教学楼	照明	45
2025-03-01	否（周六）	早（6:00—12:00）	教学楼	空调	120
2025-03-01	否（周六）	中（12:00—18:00）	教学楼	投影仪	25
2025-03-02	否（周日）	晚（18:00—24:00）	图书馆	照明	60
2025-03-02	否（周日）	晚（18:00—24:00）	图书馆	计算机	150
2025-03-03	是（周一）	夜（0:00—6:00）	学生公寓	照明	18
2025-03-03	是（周一）	夜（0:00—6:00）	学生公寓	热水器	32
2025-03-04	是（周二）	早（6:00—12:00）	实验楼	实验设备	280
2025-03-04	是（周二）	早（6:00—12:00）	实验楼	空调	90
2025-03-05	是（周三）	中（12:00—18:00）	食堂	冷藏设备	110
2025-03-05	是（周三）	中（12:00—18:00）	食堂	烹饪设备	220
2025-03-06	是（周四）	晚（18:00—24:00）	教学楼	照明	50
2025-03-06	是（周四）	晚（18:00—24:00）	教学楼	空调	130
2025-03-07	是（周五）	夜（0:00—6:00）	图书馆	安防监控	15
2025-03-08	否（周六）	早（6:00—12:00）	学生公寓	照明	22
2025-03-08	否（周六）	早（6:00—12:00）	学生公寓	空调	85
2025-03-09	否（周日）	中（12:00—18:00）	体育馆	照明	70
2025-03-09	否（周日）	中（12:00—18:00）	体育馆	音响设备	45
2025-03-10	是（周一）	晚（18:00—24:00）	实验楼	恒温设备	160
2025-03-10	是（周一）	晚（18:00—24:00）	实验楼	照明	30
2025-03-11	是（周二）	早（6:00—12:00）	食堂	蒸饭设备	180
2025-03-11	是（周二）	早（6:00—12:00）	食堂	照明	40
2025-03-12	是（周三）	中（12:00—18:00）	学生公寓	洗衣机	55
2025-03-12	是（周三）	中（12:00—18:00）	学生公寓	空调	95
2025-03-13	是（周四）	晚（18:00—24:00）	图书馆	空调	100

2. 设备单价

LED 节能灯管：80 元 / 支。

红外传感器：150 元 / 个。

智能温控器：300 元 / 台。

第 6 章 经济与管理学

实验题目一：奶茶店经营模拟——价格与销量的博弈

1. 实验目的

通过模拟数据，初步认知价格对销量的影响规律。学习使用 WPS 表格进行数据整理、图表制作与简单分析。通过小组讨论制定定价策略，体验管理者角色，提高团队协作与决策能力。结合生活场景（奶茶店），感受经济学与管理的实际应用，产生专业兴趣。

2. 实验工具

WPS 文字（文档编辑），WPS 表格（数据统计），WPS 演示（成果演示），WPS AI、DeepSeek、Kimi、豆包等 AIGC 工具（信息检索与辅助分析），网络浏览器（资料查询）。

3. 实验内容与步骤

1）情景设定

任务背景：担任奶茶店店长，通过价格调整（10~20 元 / 杯）实现单日利润最大化。

已知条件：每杯奶茶的成本为 6 元，日租金为 200 元。

2）生成模拟数据

（1）打开 WPS AI 输入提示词（仅供参考，可根据需要编写）：生成奶茶店在不同定价下 30 天的日销量数据，定价范围为 10~20 元，日销量随定价上升而递减且存在波动。

（2）将数据整理至 WPS 表格中，包含“日期”“定价 /（元 / 杯）”“日销量 / 杯”3 列。

3）数据分析

计算单日总收入：总收入 = 定价 × 日销量 −6 × 日销量 −200。

插入散点图：X 轴表示定价，Y 轴表示日销量 / 总收入。

标注最高收入点。

4）制定策略

小组任务：讨论选择最优价格（附理由说明）。

扩展思考：促销活动、产品组合等利润提升方式。

5）成果展示

使用 WPS 演示制作简易 PPT，需包含以下内容。

（1）关键数据图表。

（2）最终定价策略。

（3）对经济管理的理解。

实验报告格式

实验题目:______________________________

姓名:____________ 学号:____________ 日期:____________

1. 实验目的

（简要描述）

2. 实验工具

（列出使用的资源、工具）

3. 实验记录

（粘贴 WPS 表格中，模拟数据的截图，需包含“定价 /（元 / 杯）”与“日销量 / 杯”列）

4. 数据分析结果

（插入带标注的散点图，显示最高收入点）

5. 设计方案展示

[定价策略文字说明（100 字以上）、选择的具体价格、决策依据（如趋势图分析）、列出不少于 2 个经营优化因素]

6. 思考题

（1）为什么最高收入点不一定对应于最高销量或最高单价?

（2）说服投资人时最需要展示哪些数据?

（3）WPS AI 生成的数据可能存在哪些局限性?

实验题目二：校园周边店铺选址决策模拟——基于人流量与租金的数据分析

1. 实验目的

理解店铺选址的核心经济要素（如人流量、租金、竞争关系等）。掌握基础数据整理与可视化分析方法。通过模拟决策，体验商业分析的实际应用，产生对市场调研与运营管理的兴趣。

2. 实验工具

WPS 文字（文档编辑），WPS 表格（数据统计），WPS 演示（成果演示），WPS AI、DeepSeek、Kimi、豆包等 AIGC 工具（信息检索与辅助分析）。

3. 实验内容与步骤

1）案例引入与数据准备

使用 WPS 表格打开附件提供的校园周边商铺选址数据表。

2）选址因素分析

（1）数据整理：用 WPS 表格对附件数据进行排序（如按月租金从低到高排序）。

（2）图表制作：插入柱状图对比 3 个位置的人流量与月租金之间的关系，用折线图展示预估月销售额与竞争店铺数量的关联性。

（3）WPS AI 辅助分析：选中数据区域，使用 WPS AI 生成对人流量 - 月租金性价比关系的分析结论。根据 AI 的回答调整图表颜色或标签，优化可视化效果。

3）模拟决策与汇报

（1）每组学生选择 1 个最优选址位置，在 WPS 文字中填写选址决策表，说明选择理由与潜在风险。

（2）使用 WPS 演示制作 3 页 PPT，需包含：选址位置的核心数据对比；关键图表的截图；决策结论（参考 WPS AI 生成的分析结论优化表达）。

实验报告格式

实验题目：____________________

姓名：__________ 学号：__________ 日期：__________

1. 实验目的

（简要描述）

2. 实验工具

（列出使用的资源、工具）

3. 选址决策表

选址位置	选择理由（至少2点）	潜在风险（1点）

4. 数据分析图表

（插入WPS表格生成的柱状图和折线图的截图）

5. 实验结论

（简述最终决策依据，限100字以内）

6. 思考题

（1）若租金预算减少20%，你的选址策略会如何调整？

（2）如何平衡“高人流”与“高竞争”的矛盾？

（3）WPS AI生成的分析结论对你的决策有多大帮助？举例说明。

附件：校园周边商铺选址数据表（模拟数据，仅供本书实验使用）

位置	工作日人流量/(人/日)	周末人流量/(人/日)	月租金/元	面积/m^2	竞争店铺数量/个	预估月销售额/元
东校门	1 200	2 500	8 000	50	4	35 000
北食堂	1 800	1 200	12 000	80	2	48 000
西宿舍	900	800	6 000	30	1	20 000

备注：实验数据已预设矛盾点（如东校门竞争激烈但人流量高，西宿舍租金低但客源有限），引导学生思考权衡逻辑。WPS AI 可通过输入提示词“根据租金和销售额，哪个位置的投资回报率最高？”生成辅助分析文本，降低操作门槛。

第7章 法学与公共管理

实验题目一：社区公共事务模拟决策——基于法律政策与社会调查的综合实践

1. 实验目的

通过案例实践，初步了解法学与公共管理专业在基层社会治理中的应用场景。掌握信息收集、数据分析、政策法规检索与方案设计的基本方法。体验AI工具在公共决策中的辅助作用，感知专业与技术的结合价值。

2. 实验工具

WPS文字（文档编辑），WPS表格（数据统计），WPS演示（成果演示），WPS AI、DeepSeek、Kimi、豆包等AIGC工具（信息检索与辅助分析）。

3. 实验内容与步骤

1）互联网的使用

检索《城市生活垃圾管理办法》《物业管理条例》等法规，摘录3条与垃圾分类相关的内容，形成政策摘要。

2）WPS表格的使用

根据附件提供的模拟背景材料（某社区垃圾分类矛盾案例背景材料），根据其中的投诉类型统计表，使用WPS表格插入柱状图，分析矛盾集中点。

3）WPS文字的使用

结合法规和数据分析结果，拟定3条解决措施（如增设分类设施、开展普法宣传、设置奖惩机制）。

4）AIGC工具的使用

利用AIGC工具输入提示词（如“社区垃圾分类管理方案”，仅供参考），生成一份300字左右的建议框架。对比AI建议与自身方案的异同。

4. 成果汇报与互评（选做）

每组学生用WPS演示制作3页PPT，展示核心问题、数据分析图与解决方案。

随机抽取2组学生进行3 min汇报，其他组学生通过表格填写简评（包含优点与改进建议）。

实验报告格式

实验题目:____

姓名:____________________ 学号:____________________ 日期:____________________

1. 实验目的

（简要描述）

2. 实验工具

（列出使用的工具、资源）

3. 政策法规摘要

（列出检索的法律条款，注明来源网站）

4. 数据分析图表

（粘贴用 WPS 表格生成的图表，附 50 字结论）

5. 解决方案对比

（自主方案与 AI 生成方案的差异分析）

6. 思考题

（1）你认为法学与公共管理专业在社区治理中能发挥哪些不可替代的作用?

（2）实验中，哪些环节让你感受到 AI 工具对专业学习的帮助?

（3）如果需进一步优化方案，你认为还需要哪些专业知识和技能?

附件：某社区垃圾分类矛盾案例背景材料

以下是为实验设计的模拟背景材料。

一、社区基本情况

名称：某社区。
规模：常住居民 1 200 户，老年人口占比 35%（60 岁以上），年轻上班族占比 50%。
管理主体：社区居委会，第三方物业公司。

二、问题现状

1. 矛盾事件

部分居民未按分类要求投放垃圾（厨余垃圾混入其他垃圾、可回收物被随意丢弃）。

物业因清运成本增加，减少垃圾站开放时间（每日仅 7:00—9:00、18:00—20:00 开放），引发居民不满。

老年居民投诉“分类规则复杂”，年轻居民投诉“物业监管不力”。

2. 数据支持

近 3 个月的投诉记录：共 86 起，（类型分布见下表）。

月份	投诉类型	年龄层	投诉数量	投诉渠道
6 月	垃圾站开放时间不合理	18~30 岁	8	在线平台
6 月	邻居未分类投放	31~60 岁	10	电话
6 月	分类规则难理解	60 岁以上	10	书面
7 月	清运不及时	31~60 岁	15	电话
7 月	分类设施不足	18~30 岁	5	在线平台
7 月	分类规则难理解	60 岁以上	5	电话
8 月	垃圾站开放时间不合理	18~30 岁	12	在线平台
8 月	邻居未分类投放	31~60 岁	14	电话
8 月	分类规则难理解	60 岁以上	7	电话
合计			86	

三、现有政策与矛盾焦点

1. 政策依据：

《城市生活垃圾管理办法》第 12 条：生活垃圾分为可回收物、有害垃圾、厨余垃圾、其他垃圾四类。

《城市生活垃圾管理办法》第 25 条：社区应设置分类投放点，并公示开放时间与监督电话。

《物业管理条例》第 47 条：物业需配合政府落实垃圾分类管理责任。

2. 矛盾焦点：

居民：认为物业未尽责（未定时巡查、清运不及时）。

物业：声称人力不足，且部分居民拒不配合导致成本上升。

环卫部门：要求社区整改，否则将削减垃圾清运频次。

四、模拟调查数据（模拟数据，仅供本书实验使用）

1. 居民年龄分布与投诉类型统计表

年龄层	投诉类型	投诉数量
18~30 岁	垃圾站开放时间不合理	22
31~60 岁	邻居未分类投放	35
60 岁以上	分类规则难理解	29

2. 居民访谈记录摘要（节选）

（1）居民 A（28 岁，程序员，独居）

现状：“我经常加班，回家都晚上 10 点了，垃圾站早就关了！只能把垃圾堆在楼道，第二天被保洁阿姨骂。”

建议：“至少延长到 22:30，或者设个 24 小时自助投放点。”

（2）居民 B（65 岁，退休教师）

现状：“报纸是可回收垃圾，但用过的纸巾又算其他垃圾？我老花眼看不清宣传图，分错了还被罚款！”

态度：“社区应该派人手把手教我们，光贴告示没用。”

（3）居民 C（42 岁，全职妈妈）

现状：“隔壁邻居总把尿不湿扔进厨余垃圾桶，说了几次都不改，物业也不管！”

质疑：“法规明明要求罚款，为什么物业不敢执行？”

（4）居民 D（50 岁，物业保洁员）

现状：“每天要翻垃圾桶检查分类，夏天味道大，工资又没涨。居民骂我们‘多管闲事’，里外不是人。”

呼吁：“居委会得给物业更多支持，光让我们背锅不行。”

（5）居民 E（33 岁，环保志愿者）

现状：“年轻人不是不想分类，是觉得流程麻烦。如果开发个 APP，扫码就能查分类，积分换奖品，参与度肯定高。”

行动：“我们志愿者可以组织夜间巡逻，但需要社区提供物资。”

（6）居民 F（70 岁，独居老人）

现状：“我腿脚不好，走到垃圾站要 10 分钟，能不能在每栋楼门口放个小分类桶？”

担忧：“听说有的社区用监控拍乱扔垃圾的人，这算侵犯隐私吗？”

3. 其他数据提示

垃圾站违规投放记录：厨余垃圾混投占比 68%，可回收物误投占比 27%。

五、实验材料使用说明

教师可提前将上述材料整理成 WPS 文字文档，发放给学生。

实验题目二：城市基层治理模拟——AI 辅助政策效果预判与民意调查报告撰写

1. 实验目的

理解公共政策制定与基层治理的基本逻辑。掌握社会调查数据的可视化呈现方法。体验 AI 工具在政策模拟中的应用场景。养成法律政策与社会需求匹配的思维意识。

2. 实验工具

WPS 文字（文档编辑），WPS 表格（数据统计），WPS 演示（成果演示），WPS AI、DeepSeek、Kimi、豆包等 AIGC 工具（信息检索与辅助分析）。

3. 实验内容与步骤

1）案例导入

阅读附件提供的 1. 某老旧社区加装电梯纠纷案例，分析不同利益方的核心诉求（老年人、低层住户、物业公司），用 WPS 表格制作诉求分类表。

2）数据分析

（1）打开附件中的 2. 社区人口结构数据表，使用 WPS 表格生成各号楼的年龄分布饼图。

（2）在 WPS AI 对话框中输入提示词（仅供参考，可根据需要编写）：根据数据，预测加装电梯后可能产生的 3 类主要矛盾。

（3）将 AI 生成的矛盾预测结果粘贴至实验报告（需判断其合理性，并优化表达）。

3）政策模拟

（1）使用 WPS AI，输入提示词（仅供参考，可根据需要编写）：模拟住建局工作人员，撰写 1 篇 500 字的政策说明，需包含补偿方案、实施流程、纠纷处理机制。

（2）将 AI 生成的文本粘贴至实验报告，用红色字体标注涉及《中华人民共和国民法典》《物业管理条例》的法律依据。

4）民意报告

（1）根据附件提供的 3. 200 份居民调查问卷原始数据（节选），制作支持 / 反对比例柱形图。

（2）使用 WPS AI 的数据解读功能，生成 3 条改善建议并记录在报告中。

实验报告格式

实验题目：____

姓名：____________ 学号：____________ 日期：____________

1. 实验目的

（简要描述）

2. 实验工具

（列出使用的工具、资源）

3. 核心矛盾预测

（粘贴 AI 生成的矛盾分析结果并优化表达）

4. 政策模拟

（标红显示法律条款的政策文本）

5. 民意调查结果

（插入生成的柱形图）

6. 改善建议

7. 思考题

（1）AI 生成的补偿方案是否具有实操性？

（2）低层住户的采光权受损问题应援引哪些法律条文？

（3）如何平衡政策效率与程序正义的关系？

附件

1. 某老旧社区加装电梯纠纷案例

某建于 1998 年的 6 层住宅小区，1、2 层为商铺，3~6 层为住户。老年人口占比 62%，物业费收缴率为 83%。拟使用住宅专项维修资金加装电梯，低层住户以影响采光、增加噪声为由反对。

2. 社区人口结构数据表

楼栋	总户数	60 岁以上户数	学龄儿童户数	租户比例
1 号楼	48	32	12	18%
2 号楼	52	35	8	22%
3 号楼	44	28	15	15%

3. 200 份居民调查问卷原始数据（节选）

支持加装：121 票（60.5%）。反对加装：64 票（32%）。弃权：15 票（7.5%）。

主要反对原因：①低层房价贬值担忧（89%）；②施工期生活不便（67%）；③后续维护费用疑虑（53%）。

第 8 章 文学与艺术

实验题目一：古典诗词的视觉化表达与审美分析——基于 WPS 工具的文字、图像与跨媒介创作实践

1. 实验目的

了解文学与艺术的跨学科研究方法，初步感知文本分析与视觉表达的联系。掌握 WPS 文字、演示、表格及 AI 工具的基础操作，探索数字技术对艺术创作的支持。通过实践培养审美感知力，产生对专业领域的兴趣与锻炼创新思维。

2. 实验工具

WPS 文字（文档编辑），WPS 表格（数据统计），WPS 演示（成果演示），WPS AI、DeepSeek、Kimi、豆包等 AIGC 工具（信息检索与辅助分析），网络浏览器（资料查询）。

3. 实验内容与步骤

1）诗词选取与文本分析

（1）访问诗词数据库（如古诗文网），从《唐诗三百首》中选择一首作品（如王维的《山居秋暝》、李白的《静夜思》等）。

（2）用 WPS 文字整理诗词内容，标注主题、意象（如“明月”“松林”“清泉”等），分析情感基调。

2）AI 辅助视觉化创作

（1）在 WPS AI 中，输入诗词关键词（如“空山新雨后，天气晚来秋”），生成二三幅匹配意境的图像。

（2）调整 AI 参数（如风格选择水墨、油画或插画），对比不同视觉风格对诗词意境的诠释差异。

3）跨媒介分析报告制作

（1）使用 WPS 演示制作 3 页 PPT。

第 1 页：诗词原文 + 文本分析（字体为仿宋，标题加粗）。

第 2 页：AI 生成图像 + 风格对比说明（标注“写实 vs 写意”）。

第 3 页：使用 WPS 表格统计诗词中的高频意象（如“山”“水”“月”出现的次数）。

（2）插入动态切换效果（如“淡出”），添加 50 字左右总结（包含观点和审美感受）。

4）展示与互评

分组展示作品，互相填写简评表（包含 1 项亮点和 1 项建议）。

实验报告格式

实验题目：____

姓名：______________　学号：______________　日期：______________

1. 实验目的

（简要描述）

2. 实验工具

（列出使用的工具、资源）

3. 诗词选取

（原文 + 作者，需标注朝来源）

4. 文本分析

主题概括：________________________________。

核心意象（至少 3 个）：______________________。

情感关键词：______________________________。

5.AI 生成图像

（插入 2 张图片，标注风格类型）

6. 数据分析

（意象统计示例）

意象	出现次数	象征意义
山	3	隐逸

7. 个人心得

（100 字以内，需包含对“文学与艺术关联性”的思考）

8. 思考题

（1）你认为 AI 生成的图像能否完全替代人工创作？为什么？

（2）如果为李清照的《声声慢》设计视觉化方案，你会选择哪些色彩和构图？

（3）本次实验是否改变了你对“文学研究”的传统认知？举例说明。

实验题目二：民间故事数字化改编与多模态呈现——基于 WPS 工具的文字重组、视觉设计与互动展示

1. 实验目的

理解民间故事的核心要素与叙事特征。掌握文字可视化编排与多媒体融合的技巧。探索传统文化资源的现代转化路径。锻炼数字叙事思维与提高跨媒介表达能力。

2. 实验工具

WPS 文字（文档编辑）、WPS 演示（成果演示）、WPS 智能素材库、WPS AI 生成工具。

3. 实验内容与步骤

1）故事解构

参考附件提供的《田螺姑娘》，使用 WPS AI 将故事智能分段，标注故事的开端、发展、高潮、结局。

2）视觉转化

在 WPS 演示中利用 AIGC 工具，根据《田螺姑娘》故事创建 PPT，要求如下。

（1）PPT 不少于 8 页。

（2）利用 WPS 智能素材库插入传统纹样作为背景。

（3）根据故事情节添加关键场景插图（如木盆、田螺、茅屋）。

（4）人工审查生成内容的合理性并适当调整。

3）互动设计

（1）使用 WPS 文字创建“故事地图”文档，文档前一半是文字，后一半是主要道具的图片（插入 6~8 个主要道具图片）。

（2）在文字中插入超链接，单击后跳转到相应图片。

（3）主要人物添加批注式人物小传。

（4）使用 WPS AI 生成 3 个开放式结局选项。

4. 成果展示

（1）小组内循环展示各自的作品。

（2）使用 WPS 云文档互相填写 3 条改进建议。

（3）根据反馈完善最终作品。

实验报告格式

实验题目:____

姓名:________________ 学号:________________ 日期:________________

1. 实验目的

(简要描述)

2. 实验工具

(列出使用的工具、资源)

3. 故事解构

文本要素分布统计:故事分为________段。开端________段,发展________段,高潮________段,结局________段。

4. 视觉转化

1)核心插图的选择理由

2)配色方案的文化内涵

5. 互动设计

1)超链接设置点

2)创新功能尝试

6. 思考题

(1)传统故事可视化过程中最困难的环节是什么?

(2)数字媒介如何改变故事的传播效果?

(3)如果增加 AR 技术,你会设计什么新功能?

附件：《田螺姑娘》

从前，有个年轻的农民叫谢端，他自幼父母双亡，孤苦伶仃，但是他勤劳、善良，每天都在田里辛勤劳作。有一天，谢端在田里劳作时，偶然捡到一只大田螺。这只田螺非常漂亮，壳上的花纹五彩斑斓。谢端觉得很新奇，便把田螺带回家，放在一个水缸里养着。从那以后，谢端每天从田里回来，都会发现家里已经准备好了热腾腾的饭菜。一开始，他还以为是邻居们可怜他，帮他做的。于是，他特意去感谢邻居们，可邻居们都说不是他们做的。谢端感到很奇怪，他决定要弄清楚这件事情。第二天，谢端像往常一样去田里劳作，但他早早地就回来了。他躲在门外，想看看是谁在帮他做饭。等了一会儿，他看见从水缸里走出一个美丽的姑娘。姑娘穿着朴素的衣服，头上戴着一朵小花，她熟练地生火做饭，不一会儿，一桌香喷喷的饭菜就做好了。谢端惊呆了，他悄悄地走进屋里，姑娘听到动静，急忙回到水缸里。谢端赶紧跑到水缸边，对着田螺说："田螺姑娘，你出来吧，我不会伤害你的。"过了一会儿，田螺姑娘从水缸里出来了，她红着脸对谢端说："我本是天上的仙女，因为触犯了天条，被玉帝罚到人间。你救了我，我很感激你，所以想报答你。"谢端听了，非常感动，他对田螺姑娘说："你能留下来吗？我会好好照顾你的。"田螺姑娘点了点头，从此，她和谢端一起生活，日子过得幸福美满。可是，好景不长，这件事被当地的一个恶霸知道了。恶霸贪图田螺姑娘的美貌，想要把她抢走。他带着一群人来到谢端的家，威胁谢端把田螺姑娘交出来。谢端坚决不同意，他和恶霸展开了激烈的搏斗。但是，谢端势单力薄，很快就被恶霸打倒在地。就在恶霸要抢走田螺姑娘的时候，天空中突然出现一道金光，一位仙人从天而降。仙人对恶霸说："你作恶多端，必将受到惩罚。"说完，仙人一挥手，恶霸和他的手下都被变成了石头。仙人又对谢端和田螺姑娘说："你们的善良和勇敢感动了上天，从今以后，你们可以永远在一起。"说完，仙人就消失了。谢端和田螺姑娘感激地望着天空，他们知道，是他们的善良和勇敢换来了幸福的生活。从此以后，他们更加珍惜彼此，一起过着快乐的日子。

注：视觉元素数据库可根据以下内容从网络浏览器搜索获得：传统纹样库（几何回纹、莲花纹、云雷纹等图），民俗物品图鉴（木盆、纺车、蓑衣等高清图）。

第 9 章 教育与心理学

实验题目一：学习动机的数字化解构——教育心理学数据素养初探

1. 实验目的

掌握利用 WPS 工具进行学习动机文本分析与数据可视化的技术方法。理解马斯洛需求层次理论在动机分类中的应用逻辑。提高多模态数据处理能力（文本标注→ AI 分析→图表转化→理论阐释）。形成基于数字工具的实证研究思维框架（数据采集→智能处理→理论拓展→反思输出）。

2. 实验工具

WPS 文字（文档编辑），WPS 表格（数据统计），WPS 演示（成果演示），WPS AI、DeepSeek、Kimi、豆包等 AIGC 工具（信息检索与辅助分析）。

3. 实验内容与步骤

1）案例标注与初步分析

使用 WPS 文字打开附件提供的虚拟学生档案。使用 WPS 文字的批注功能标注案例中的动机关键词。

2）数据处理与可视化

（1）将案例文本粘贴至 WPS AI 对话框，输入提示词（仅供参考，可根据需要编写）：提取以下文本中的学习动机类别，按出现频率排序。

（2）将 WPS AI 生成的分类表导入 WPS 表格。

（3）使用 WPS 表格创建柱形图显示动机类型分布。

3）理论解释与拓展

利用 AIGC 工具中输入提示词（仅供参考，可根据需要编写）：基于马斯洛需求层次理论，为动机提供理论解释。（需人工判断其合理性）

实验报告格式

实验题目:________________

姓名:________ 学号:________ 日期:________

1. 实验目的

（简要描述）

2. 实验工具

（列出使用的工具、资源）

3. 实验内容与步骤

1）案例标注与初步分析

标注动机关键词:________、________、________（如“兴趣驱动”“职业规划”）。

修订模式标记的心理因素:________、________（如“家庭期望”“自我效能感”）。

2）数据处理与可视化

学习动机类型分布：柱形图主要类别为________、________（填写 WPS AI 提取的高频动机）。

3）理论解释与拓展

马斯洛需求层次对应关系:

________（动机类型）________对应________需求（如“社交需求”）。

________（动机类型）________对应________需求（如“自我实现需求”）。

4. 思考题

（1）若需提升 AI 工具提取动机分类的准确性，可增加哪些预处理步骤？

（2）本实验中，“外部奖励”类动机未显著关联学习时长，可能违背了哪一理论假设？如何验证？

（3）使用动态信息图呈现学习时间波动时，如何优化设计以增强可读性？

附件：虚拟学生档案（模拟数据，仅供本书实验使用）

编号	姓名	动机陈述（节选）
001	陈思涵	“从小喜欢观察儿童行为，在福利院志愿服务时发现特殊儿童教育需求，希望用专业知识帮助他们”
002	李泽宇	“父母都是教师，家庭环境影响较大，认为教育是改变社会的重要途径”
003	王若曦	“高考分数刚好达到该专业分数线，优先考虑学校知名度而非专业兴趣”
004	张峻宁	“通过职业测评发现适合教育行业，且教师职业稳定性符合个人需求”
005	林筱雨	“关注到在线教育行业发展前景，计划未来结合 AI 技术开发教育产品”
006	赵景明	“被学长分享的海外教育比较研究吸引，希望探索不同文化背景下的教育模式”
007	周安琪	“中学时期因心理辅导获益，立志成为学校的心理咨询师”
008	吴子墨	“享受知识传递的成就感，曾在家教经历中验证自己的教学能力”
009	郑雅文	“本专业考研选择面广，计划通过本科学习积累研究能力”
010	徐浩阳	“教育科技初创公司的实习经历使其对教育行业产生兴趣，因此看好教育信息化赛道”

实验题目二：认知地图可视化——教育场景的空间记忆编码实验

1. 实验目的

了解空间记忆编码的基本心理学原理。掌握基础数据处理与可视化呈现方法。探索教育场景设计的认知影响因素。提高专业问题分析与数字化表达能力。

2. 实验工具

WPS 文字（文档编辑）、WPS 表格（数据统计）、WPS AI（信息检索与辅助分析）、WPS 演示（成果演示）。

3. 实验内容与步骤

1）实验准备

（1）使用 WPS 表格打开附件提供的路径认知数据表。

（2）阅读包含 30 条被试路径的认知数据表。

（3）熟悉表格中 5 个认知维度评分标准（复杂度 X、标志物记忆 Y、方向感 Z、焦虑值 M、时间 N）。

2）认知建模

（1）在表格中使用条件格式标注（所有 $Y \geqslant 8$ 的单元格标注为绿色，所有 $M \geqslant 7$ 的单元格标注为红色）。

（2）使用排序功能找出复杂度排序前 3 的路径与焦虑值排序前 2 的路径。

（3）通过 WPS AI 生成图表。

输入提示词（仅供参考，可根据需要编写）：请根据 X、Y、Z 三维数据生成雷达图，要求显示显著标志物。

输入提示词（仅供参考，可根据需要编写）：生成 M、N 值的线性关系趋势图，标注拐点位置。

3）数据分析

统计高频出现的空间元素（提取显著标志物出现次数≥ 2 的标志物），统计关键转折点数量的分布区间。

4. 实验报告撰写

按模板填写实验过程、数据结果及分析结论。使用 WPS 演示制作 总结汇报。

实验报告格式

实验题目:______________________________

姓名:______________ 学号:______________ 日期:______________

1. 实验目的

(简要描述)

2. 实验工具

(列出使用的工具、资源)

3. 实验内容

1)实验现象描述

2)关键数据截图

3)认知规律总结(100 字内)

4)教育场景设计建议(150 字内)

4. 成果展示

(使用 WPS 演示制作总结汇报)

5. 思考题

(1)如何解释高复杂度路径反而出现较好方向感的现象?

(2)标志物记忆与焦虑值是否存在非线性关系?为什么?

(3)若设计幼儿园接送路线,本实验数据有何参考价值?

附件：路径认知数据表（模拟数据，仅供本书实验使用）

路径编号	复杂度 X	标志物记忆 Y	方向感 Z	焦虑值 M	时间 N	关键转折点	显著标志物
P01	6.8	7.2	5.4	6.1	8.2	3	彩虹墙、饮水机
P02	8.4	9.1	7.9	4.3	6.7	5	雕塑群、电子屏
P03	5.2	4.8	6.3	7.9	9.1	2	消防栓、绿植墙
P04	7.1	8.5	7.2	5.6	7.3	4	艺术画廊、应急灯
P05	9.0	6.7	4.1	8.2	8.9	6	玻璃幕墙、楼梯口
P06	6.3	7.8	6.9	6.5	7.5	3	导视牌、充电站
P07	5.9	5.1	5.8	7.1	8.4	2	防火门、通风口
P08	7.8	8.9	7.5	5.9	6.8	5	文化展板、自助机
P09	6.5	7.4	6.7	6.3	7.1	4	绿植角、监控点
P10	8.1	6.3	5.9	7.8	8.6	5	消防通道、配电箱
P11	7.3	8.1	6.8	5.9	7.6	4	学术墙报、实验室标牌
P12	6.7	7.5	7.1	6.2	7.9	3	电子时钟、垃圾分类站
P13	8.6	8.3	5.9	7.4	8.3	5	荣誉榜单、无障碍通道
P14	5.9	6.2	6.5	6.8	8.1	2	快递柜、共享雨伞架
P15	7.8	9	7.3	5.7	6.9	4	院士长廊、智能储物柜
P16	6.1	5.9	6	7.2	8.7	3	消防沙箱、微型消防站
P17	8.9	7.8	4.5	8	9	6	旋转楼梯、穹顶天窗
P18	5.6	5.3	6.2	7.5	8.5	1	休憩长椅、景观水池
P19	7.5	8.7	7	6	7.2	4	学术海报栏、期刊展示架
P20	6.9	7.1	6.7	6.4	7.8	3	应急广播、防撞护角
P21	8.2	8	5.7	7.1	8.4	5	校友捐赠墙、自动售药机
P22	5.8	6.8	6.4	6.9	8	2	自行车停放区、充电桩
P23	7.9	8.4	6.9	6.1	7.4	4	科研成果展、触摸查询屏
P24	6.4	7.3	6.6	6.6	7.7	3	防滑警示牌、通风井盖

续表

路径编号	复杂度 X	标志物记忆 Y	方向感 Z	焦虑值 M	时间 N	关键转折点	显著标志物
P25	8.7	7.6	5.1	7.8	8.8	6	弧形连廊、玻璃采光顶
P26	5.7	6.5	6.3	7	8.3	2	失物招领箱、直饮水机
P27	7.2	8.6	7.2	5.8	7	4	学科地图、智能导航牌
P28	6.6	7	6.8	6.3	7.5	3	防撞标识、应急照明灯
P29	8.5	8.2	5.5	7.3	8.5	5	校史展示窗、空气监测屏
P30	6	6.9	6.4	6.7	7.8	2	垃圾分类亭、共享图书角

第 10 章 农学

实验题目一：作物生长环境因素的数据可视化与基础分析——以小麦、水稻、玉米为例

1. 实验目的

了解主要农作物的基本生长环境需求（如温度、降水、土壤条件等）。掌握用 WPS 表格进行数据整理、图表制作和简单分析的技能。通过 AI 工具辅助分析数据规律，产生对农业数据科学的兴趣。建立“环境 - 作物”关系的初步专业认知。

2. 实验工具

WPS 文字（文档编辑），WPS 表格（数据统计），WPS 演示（成果演示），WPS AI、DeepSeek、Kimi、豆包等 AIGC 工具（信息检索与辅助分析）。

3. 实验内容与步骤

1）数据认知与录入

（1）使用 WPS 表格打开附件提供的 1. 地区气候与土壤数据。

（2）阅读包含 3 个地区（东北平原、长江中下游、云贵高原）的气候（年均温、年降水量、光照时长）及土壤数据。

（3）使用 WPS 表格打开附件提供的 2. 作物生长需求数据。

2）数据可视化

在 WPS 表格中完成以下任务。

（1）绘制各地区年均气温对比图。

（2）绘制年降水量与作物需水量关系图（需水量数据已标注）。

（3）使用 WPS AI 的智能分析功能生成气候特征总结。

3）匹配分析

根据图表和 AI 分析结论，在文档中完成以下任务。

表格对比：总结各地区气候条件与作物生长需求的关系。

文字总结：判断各地区最适合种植何种作物，并说明理由。

4. 实验总结与汇报

使用 WPS 演示制作 PPT，用图文展示最优种植方案。

实验报告格式

实验题目：____

姓名：________________ 学号：________________ 日期：________________

1. 实验目的

（简要描述）

2. 实验工具

（列出使用的工具、资源）

3. 实验数据整理与可视化

1）根据整理后的气候特征表，给出各地区的气候特征总结

东北平原：____。

长江中下游：____。

云贵高原：____。

总结：____。

2）匹配分析结果

环境条件匹配表

地区	年均气温 /℃	年降水量 /mm	土壤类型	匹配作物	适配度 /%
东北平原					
长江中下游					
云贵高原					

3）最优种植方案

根据适配度分析结果，各地区最适合种植的作物及原因如下。

（1）东北平原最适合种植____。

原因：____。

（2）云贵高原最适合种植____。

原因：____。

（3）长江中下游最适合种植____。

原因：____。

4. 成果展示

（插入 WPS 演示制作的 PPT 截图：最优种植方案图文展示）

5. 实验结论与启示

1）气候影响力排序

2）土壤适配关键发现

3）农业应用建议

6. 思考题

（1）地区降水超出作物需水量的 20% 时，数据表应如何调整分析维度？

（2）AI 生成的结论与个人分析结果出现分歧时，应如何验证？

（3）对于在高原地区设计温室大棚，本实验数据有何参考价值？

附件（模拟数据，仅供本书实验使用）

1. 地区气候与土壤数据

地区	年均气温 /℃	年降水量 /mm	光照时长 /（h/ 年）	土壤类型
东北平原	4.5	550	2 600	黑土
长江中下游	17.8	1 350	1 800	水稻土
云贵高原	15.2	1 200	2 200	红壤

2. 作物生长需求数据

作物	温度需求 /℃	年降水量需求 /mm	光照需求 /（h/ 年）	适宜土壤类型
小麦	最低 :10 最适宜 15~20 最高 :25	450~650	≥ 2 000	壤土、黑土
水稻	最低 :18 最适宜 25~32 最高 :35	800~1 200	≥ 1 800	水稻土
玉米	最低 :15 最适宜 20~28 最高 :30	500~800	≥ 2 500	壤土、黑土

实验题目二：农作物种子萌发条件模拟实验与萌发率分析

1. 实验目的

了解不同农作物种子萌发的基本条件（如温度、湿度、光照）。学习利用表格工具整理数据，掌握基础统计分析方法。通过模拟实验观察萌发率差异，提高科学观察与记录能力。产生对作物生理学研究的兴趣，建立农业生产实践与科学原理的联系认知。

2. 实验工具

WPS 文字（文档编辑），WPS 表格（数据统计），WPS 演示（成果演示），WPS AI、DeepSeek、Kimi、豆包等 AIGC 工具（信息检索与辅助分析）。

3. 实验内容与步骤

1）实验准备

在 WPS 表格中打开附件提供的种子萌发实验数据表，包含小麦、大豆、花生三种作物在不同温度（15 ℃、20 ℃、25 ℃）和湿度（50%、70%、90%）下的萌发率数据。

2）数据观察与整理

使用筛选功能，分别查看同一作物在不同温度、湿度组合下的萌发率。

将数据按“萌发率从高到低”排序，记录前 3 名和后 3 名的条件组合。

3）AI 辅助分析

用 WPS AI 分析数据表，输入提示词（仅供参考，可根据需要编写）：哪种温湿度组合最适合该作物萌发？可能的原因是什么？

将 AI 生成的结论复制到实验报告中，并补充自己的理解（如联系实际种植环境）。

4. 实验报告撰写

按模板填写实验过程、数据结果及分析结论。

实验报告格式

实验题目:____

姓名:____________ 学号:____________ 日期:____________

1. 实验目的

（简要描述）

2. 实验工具

（列出使用的工具、资源）

3. 数据记录

萌发率从高到低排序，前 3 名如下表所示：

作物名称	温度 /℃	湿度 /%	萌发率 /%

后 3 名如下表所示：

作物名称	温度 /℃	湿度 /%	萌发率 /%

4. 分析结果

1）AI 分析结论

2）个人理解

5. 思考题

（1）温度对种子萌发率的影响是否比湿度更显著？为什么？

（2）实验中，若萌发率数据存在波动，可能有哪些误差来源？

（3）你认为 AI 工具在农业实验中能发挥哪些实际作用？

附件：种子萌发实验数据表（模拟数据，仅供本书实验使用）

1. 小麦种子萌发率

温度 /℃	湿度 /%	萌发率 /%
15	50	62
15	70	75
15	90	68
20	50	80
20	70	88
20	90	82
25	50	72
25	70	84
25	90	76

2. 大豆种子萌发率

温度 /℃	湿度 /%	萌发率 /%
15	50	50
15	70	43
15	90	55
20	50	78
20	70	85
20	90	91
25	50	68
25	70	75
25	90	82

3. 花生种子萌发率

温度 /℃	湿度 /%	萌发率 /%
15	50	48
15	70	52

续表

温度 /℃	湿度 /%	萌发率 /%
15	90	55
20	50	79
20	70	83
20	90	88
25	50	76
25	70	84
25	90	80

第 11 章 医学

实验题目一：医学数据小侦探——探索健康数据的秘密

1. 实验目的

通过真实健康数据的整理与分析，了解医学研究的基础流程。熟练使用 WPS 表格进行数据清洗、计算与可视化，利用 AI 助手辅助分析。通过趣味任务（如发现数据异常、预测健康风险），建立对医学研究的直观认知。通过小组讨论和报告撰写，提高科学沟通能力。

2. 实验工具

WPS 文字（文档编辑），WPS 表格（数据统计），WPS 演示（成果演示），WPS AI、DeepSeek、Kimi、豆包等 AIGC 工具（信息检索与辅助分析），网络浏览器（资料查询）。

3. 实验内容与步骤

1）数据观察

（1）使用 WPS 表格打开附件提供的模拟测试数据，阅读数据后发现存在身高单位混用、体重值缺失、血压值异常等问题。

（2）使用 WPS 表格的筛选功能，按身高排序，发现单位错误（如身高 1.8 m 被错误输入为 180 cm）。

（3）使用 WPS AI 识别数据，输入提示词（仅供参考，可根据需要编写）：如何快速识别数据中的异常值？根据提示用条件格式功能标出收缩压大于 140 mmHg 的异常数据。

2）数据清洗与修正

（1）统一单位：使用公式 =IF（A2>100，A2/100，A2）将身高的单位统一为 m。

（2）填补缺失值：选择“同性别平均体重”填充。

（3）剔除无效数据：修正数据，将文件命名为“Clean_Data.xlsx”。

3）健康指标分析与可视化

（1）BMI 指标计算与分类：使用 IF 函数将学生分为偏瘦、正常、超重三类，以 18.5 和 24 为分界。[BMI 公式：BMI= 体重（kg）/ 身高（m）^2]

（2）可视化与发现：使用 WPS 表格生成“BMI 分布”柱形图，观察班级体重趋势；使用 WPS AI 生成“血压与 BMI 相关性”散点图，分析健康风险。

4）AI 助力报告撰写

在 WPS AI 中输入提示词（仅供参考，可根据需要自行编写）：生成一份关于大学生健康数据的分析摘要。结合个人理解整合 AI 生成的结论与手动计算结果，形成 300 字左右报告。

4. 小组展示设计

使用 WPS 演示制作 3 页 PPT，需包含：数据问题发现、BMI 分析结果、健康建议。

实验报告格式

实验题目：____

姓名：________________ 学号：________________ 日期：________________

1. 实验目的

（简要描述）

2. 实验工具

（列出使用的工具、资源）

3. 数据观察

[原始数据中的问题（列举 3 项）]

4. 数据清洗与修正

身高单位修正公式：____。

缺失值处理方式：____。

5. 分析结果

[班级 BMI 分布图（截图插入）]

血压异常比例：________%。

6. 结论与思考

总结主要发现如下：

本班健康风险主要集中于：______________。

改进建议（如饮食、运动）：______________________。

7. 思考题

（1）如果数据中存在性别与生理指标矛盾的情况（如女性身高 2 m），该如何验证并处理？

（2）BMI 指标在临床应用中有什么局限性？如何改进？

（3）如果让你设计一个"疾病预测模型"，需要收集哪些维度的数据？

附件：模拟测试数据（模拟数据，仅供本书实验使用）

学号	性别	身高（单位混乱）	体重 /kg	收缩压 /mmHg	舒张压 /mmHg
2023001	男	175	72	118	78
2023002	女	1.62	55	128	82
2023003	男	1.85	89	165	102
2023004	女	168		110	70
2023005	男	1.78	80	135	88
2023006	女	2.20	62	142	92
2023007	男	182	75	122	80
2023008	女	1.55	50	115	65
2023009	男	1.92	95	140	90
2023010	女	158	48	88	55
2023011	男	190		130	85
2023012	女	1.70	58	125	78
2023013	男	1.75	78	155	98
2023014	女	163	53	120	75
2023015	男	178	82	138	88
2023016	女	1.68	60	132	84
2023017	男	185	90	148	92
2023018	女	160	49	105	68
2023019	男	1.80	85	126	80
2023020	女	155	47	98	60
2023021	男	192	97	158	100
2023022	女	1.73	56	128	82
2023023	男	1.77	79	142	88
2023024	女	166	55	116	72
2023025	男	180	88	136	85
2023026	女	1.63	52	112	70
2023027	男	188	93	162	95

续表

学号	性别	身高（单位混乱）	体重 /kg	收缩压 /mmHg	舒张压 /mmHg
2023028	女	1.58	51	108	65
2023029	男	1.84	87	130	82
2023030	女	170	57	122	78
2023031	男	176	81	134	84
2023032	女	1.65	54	118	76
2023033	男	1.79	83	140	90
2023034	女	167	53	124	78
2023035	男	183	91	152	94
2023036	女	1.60	50	110	68
2023037	男	1.82	86	144	92
2023038	女	162	49	114	70
2023039	男	1.76	80	130	82
2023040	女	1.70	58	126	80
2023041	男	187	94	156	96
2023042	女	164	51	120	74
2023043	男	1.81	84	138	86
2023044	女	1.66	55	128	82
2023045	男	189	95	160	98
2023046	女	1.72	59	132	84
2023047	男	1.83	89	146	90
2023048	女	161	48	116	72
2023049	男	1.77	82	136	84
2023050	女	1.69	56	130	80

实验题目二：人体细胞结构可视化与功能分析——WPS 三维模型构建

1. 实验目的

掌握基础细胞器形态特征与功能对应关系。学习使用 WPS AI 工具进行三维数据建模。理解细胞形态学在疾病诊断中的应用价值。

2. 实验工具

WPS 文字（文档编辑），WPS 表格（数据统计），WPS 演示（成果演示），WPS AI、DeepSeek、Kimi、豆包等 AIGC 工具（信息检索与辅助分析）。

3. 实验内容与步骤

1）数据准备

（1）使用 WPS 表格打开附件提供的典型人体细胞参数表。

（2）在工作簿中新建“线粒体”“内质网”“高尔基体”三个工作表。

（3）使用筛选功能统计不同细胞器中直径大于 1 μm 的结构占比。

2）三维建模

（1）在 WPS AI 对话框输入提示词（仅供参考，可根据需要编写）：生成具有嵴状结构的线粒体三维剖面图，标注外膜、基质空间（疑似缺少数据，基于常规数据生成）。

（2）调整 AI 参数：生化结构细节度调至“医学教学级”，透明度设为 30%。

（3）将生成的线粒体模型与教材插图进行特征比对。

3）功能分析

（1）在工作表中插入批注框，撰写 50 字以内说明，如“粗面内质网核糖体分布与蛋白质合成效率的正相关关系”。

（2）使用 WPS 演示制作 PPT。

第 1 页：正常肝细胞高尔基体分布。

第 2 页：脂肪肝细胞高尔基体碎片化现象。

第 3 页：酒精性肝损伤定量数据。

实验报告格式

实验题目:____

姓名:__________ 学号:__________ 日期:__________

1. 实验目的

（简要描述）

2. 实验工具

（列出使用的工具、资源）

3. 建模成果截图

（插入 WPS AI 生成的线粒体模型）

4. 关键数据记录表

5. 相关文档

6. 思考题

（1）线粒体嵴状结构增加可能提示何种生理变化？

（2）胰岛 β 细胞中哪种细胞器数量显著多于肝细胞？为什么？

（3）如果观察到核膜内侧出现大量核糖体附着，应如何修正 AI 建模参数？

附件：典型人体细胞参数表（模拟数据，仅供本书实验使用）

细胞类型	线粒体数量	粗面内质网面积 /μm²	高尔基体堆数
肝细胞	1 500~2 000	12 000	8~10
红细胞	0	0	0
胰岛 β 细胞	800~1 200	25 000	15~18
神经元	500~800	8 000	5~7
心肌细胞	3 000~5 000	5 000	3~5

第12章 理学

12.1 数学

实验题目：探索斐波那契数列与黄金分割的奇妙关联

1. 实验目的

了解斐波那契数列的基本性质及其在自然界和数学中的应用。掌握用表格工具进行数学计算与数据可视化的方法。通过实验感受数学的规律性与美感，产生对数学建模和数据分析的兴趣。初步体验 AI 工具在数学问题解答中的应用。

2. 实验工具

WPS 文字（文档编辑），WPS 表格（数据统计），WPS 演示（成果演示），WPS AI、DeepSeek、Kimi、豆包等 AIGC 工具（信息检索与辅助分析）。

3. 实验内容与步骤

1）生成斐波那契数列

（1）打开 WPS 表格，在 A1 单元格中输入“1”，A2 单元格中输入“1”。

（2）在 A3 单元格中输入公式 =A1+A2，拖动填充柄至 A20，生成前 20 项斐波那契数列。

（3）在 B2 单元格中输入公式 =A2/A1，下拉填充柄至 B20，计算相邻两项的比值。

2）观察比值收敛现象

（1）选中 B 列数据，插入折线图，观察比值随项数增加的变化趋势。

（2）调整图表样式（标题、坐标轴标签），标注黄金分割比（约 1.618）。

3）探索数学原理

（1）在 WPS AI 的对话框中输入参考问题：“为什么斐波那契数列相邻项的比值会趋近于黄金分割比？”

（2）将 AI 的回答整理到实验报告中，结合图表说明数学规律。

4）实际应用拓展

使用 WPS AI 搜索“斐波那契数列在自然界的案例”，选取 1 个案例（如向日葵种子排列、鹦鹉螺壳形状）进行简要描述。

实验报告格式

实验题目：____

姓名：______________ 学号：______________ 日期：______________

1. 实验目的

（简要描述）

2. 实验工具

（列出使用的工具、资源）

3. 实验内容与结果

1）斐波那契数列生成

[附上表格截图（前 10 项即可）]

2）比值变化图表

（插入图表并描述观察到的现象）

3）AI 解答摘要

（简述斐波那契数列与黄金分割的关系）

4）实际应用案例

（描述找到的自然界或艺术中的案例）

4. 思考题

（1）斐波那契数列的比值最终是否会严格等于黄金分割比？为什么？

（2）如果修改斐波那契数列的前两项（如改为 2，2），相邻项的比值是否仍趋近于黄金分割比？尝试验证。

（3）你认为 WPS 工具（如表格、AI）在解决实际问题中起到什么作用？

12.2 物　理

实验题目：测量重力加速度与误差分析——从自由落体运动出发

1. 实验目的

掌握自由落体运动的基本规律，理解重力加速度的物理意义。学习用表格工具处理实验数据，绘制图表并分析误差。初步体验物理实验的数据处理流程，锻炼科学思维。通过 AI 工具辅助解答物理问题，拓展分析视角。

2. 实验工具

WPS 文字（文档编辑），WPS 表格（数据统计），WPS 演示（成果演示），WPS AI、DeepSeek、Kimi、豆包等 AIGC 工具（信息检索与辅助分析）。

3. 实验内容与步骤

1）理论回顾与数据模拟

（1）在 WPS 文字中简要描述自由落体运动公式：

$$h=\frac{1}{2}gt^2$$

其中，h 为下落高度，t 为下落时间，g 为重力加速度大小（理论值约 9.8 m/s^2）。

（2）在 WPS 表格中模拟实验数据（假设存在测量误差）：

在 A 列输入时间 t（在 A2 单元格输入 0.1，使用填充柄，以 0.1 s 为间隔，输入从 0.1 s 到 1.0 s）。

在 B 列计算对应的高度 h（按公式 $h=4.9t^2$ 计算，并添加 ±0.05 m 的随机误差，该误差可以通过 RANDBETWEEN 函数构造）。

2）数据处理与计算

在 C 列计算重力加速度 g，[C2 单元格的公式为 =2*B2/（A2^2），利用填充柄计算 C 列其他单元格的值。在 C12 单元格中计算平均值，公式为 =AVERAGE（C2:C11）]，标注与理论值 9.8 m/s^2 的偏差。

3）数据可视化与误差分析

（1）绘制 h–t^2 散点图：插入散点图，横轴为 t^2（在 D 列中计算 t^2，D2 单元格中公式为 =A2^2），纵轴为 h。

（2）添加趋势线，利用图标题显示线性方程 $y=kx$，比较斜率 k 与理论值 4.9 的差异。

4）AIGC 工具的使用

使用 WPS AI 提问，输入参考问题：自由落体实验中哪些因素可能导致测量误差？将 AI 的回答整理到实验报告中（需考虑 AIGC 回答的合理性）。

4. 拓展思考

使用 WPS AI 搜索“重力加速度在不同地区存在差异的案例”，列举一个实际案例（如赤道与极地的 g 值存在差异）。

实验报告格式

实验题目:____

姓名:______________ 学号:______________ 日期:________________

1. 实验目的

(简要描述)

2. 实验工具

(列出使用的工具、资源)

3. 实验内容与结果

1)数据表格

(附上模拟数据与计算结果截图)

2)图表分析

(插入 h–t^2 散点图与趋势线,标注斜率值)

3)误差讨论

(结合 AI 的回答,分析实验中可能的误差来源)

4)拓展案例

(描述重力加速度在不同地区的差异)

4. 思考题

(1)若实验中改用光电门测量时间,误差会如何变化?

(2)若物体在空气而非真空中下落,h 与 t 的关系是否仍满足 $h=\frac{1}{2}gt^2$?为什么?

(3)你认为 WPS 表格和 AI 工具在物理实验中有哪些优势与局限性?

12.3 化 学

实验题目：溶液浓度与吸光度关系的模拟分析——朗伯 - 比尔定律的验证

1. 实验目的

理解朗伯 - 比尔定律的基本原理及其在定量分析中的应用。掌握用 WPS 表格处理实验数据、绘制标准曲线的方法。学习误差分析方法，提高化学实验数据处理能力。通过 AI 工具辅助解决化学问题，探索实际应用场景。

2. 实验工具

WPS 文字（文档编辑），WPS 表格（数据统计），WPS 演示（成果演示），WPS AI、DeepSeek、Kimi、豆包等 AIGC 工具（信息检索与辅助分析），网络浏览器（资料查询）。

3. 实验内容与步骤

1）数据输入与整理

（1）使用 WPS 表格打开附件提供的溶液浓度与吸光度关系数据表。

（2）计算每组溶液浓度对应的吸光度平均值。

2）绘制散点图

（1）选中溶液浓度和吸光度平均值数据列，插入“散点图”。

（2）添加坐标轴标题：横轴为溶液浓度 c（单位：mol/L），纵轴为吸光度 A 平均值。

3）线性拟合与方程求解

（1）右击散点图中的数据点，选择“添加趋势线”，勾选“显示公式”和“显示 R^2 值”复选框。

（2）记录线性方程和相关系数 R^2。

4）误差分析

（1）计算吸光度理论值（$A_{理论}=\varepsilon c$）与实测值的相对误差。

（2）分析 R^2 值是否接近 1，判断线性关系的可靠性。

实验报告格式

实验题目：____

姓名：______________ 学号：______________ 日期：______________

1. 实验目的

（简要描述）

2. 实验工具

（列出使用的工具、资源）

3. 数据处理与结果

1）数据表格

（含溶液浓度、吸光度实测值、平均值）

2）散点图

（附趋势线及线性方程、R^2 值）

3）误差计算表

（包含理论值、实测值、相对误差）

4. 结果分析

1）根据线性方程和 R^2 值，说明吸光度与浓度是否呈线性关系

2）讨论误差来源（如模拟数据精度、仪器误差等）

3）结论

5. 思考题

（1）朗伯 - 比尔定律的适用条件是什么？

（2）若实验中吸光度超出线性范围，可能是什么原因？

附件：溶液浓度与吸光度关系数据表（模拟数据，仅供本书实验使用）

溶液浓度 c（mol/L）	吸光度 A（第 1 次）	吸光度 A（第 2 次）	吸光度 A（第 3 次）
0.00	0.000	0.002	0.001
0.05	0.124	0.126	0.125
0.10	0.251	0.249	0.250
0.15	0.378	0.380	0.379
0.20	0.503	0.501	0.502
0.25	0.628	0.630	0.629

第三篇
习题巩固篇

第 13 章 人工智能简介习题

一、选择题

1. 人工智能（AI）作为独立学科诞生的标志性事件是（　　）。
A. 图灵测试的提出
B. 达特茅斯会议的召开
C. 神经网络的提出
D. 专家系统的应用
2. 强人工智能的核心目标是（　　）。
A. 执行特定任务
B. 模拟人类意识和思维
C. 处理海量数据
D. 优化算法效率
3.（　　）属于弱人工智能的典型应用。
A. 具备情感的聊天机器人
B. 自动驾驶汽车的路径规划
C. 完全自主地创造性写作
D. 模拟人类道德判断
4. 深度学习的核心技术基础是（　　）。
A. 决策树算法　　B. 符号逻辑推理
C. 深层神经网络　　D. 专家知识库
5.（　　）被称为“人工智能元年”。
A. 1943 年　　B. 1950 年
C. 1956 年　　D. 1980 年
6. 自然语言处理（NLP）的核心目标是（　　）。
A. 模拟人类情感　　B. 生成随机文本
C. 理解、生成自然语言　　D. 优化硬件性能
7. 人工智能在医疗领域的主要应用不包括（　　）。
A. 图像识别诊断　　B. 药物研发辅助
C. 手术机器人操作　　D. 星际旅行规划
8.“深蓝”计算机战胜国际象棋冠军的事件发生在（　　）。
A. 1997 年　　B. 2005 年

C. 2011 年　　D. 2016 年

9. 人工智能进入寒冬期的直接原因是（　　）。

A. 技术突破过多

B. 资金缩减和预期未达

C. 社会伦理争议

D. 硬件性能不足

10. GPT-4 相较于前代的主要突破是（　　）。

A. 参数规模缩小

B. 多模态处理能力

C. 仅支持文本生成

D. 完全替代人类工作

11. 关于人工智能的核心概念，下列说法中正确的是（　　）。

A. 人工智能是指计算机程序能够像人类一样进行所有类型的思考和决策

B. 人工智能是计算机科学的一个分支，旨在创造能够执行通常需要人类智能的任务的系统

C. 人工智能就是让计算机完全替代人类进行所有工作

D. 人工智能仅涉及机器学习和深度学习技术

12. 专家系统在 20 世纪 80 年代成功应用的案例是（　　）。

A. XCON 为 DEC 节省成本

B. AlphaGo 击败李世石

C. 自动驾驶汽车的量产

D. 语音助手的普及

13. 人工智能在农业中的典型应用是（　　）。

A. 星际探测

B. 智能农机自动驾驶

C. 金融风险评估

D. 法律文书撰写

14. 深度学习崛起的关键因素不包括（　　）。

A. GPU 计算能力的提升

B. 符号主义理论的发展

C. 大数据的积累

D. 神经网络模型的优化

15. 图灵测试的核心目的是验证（　　）。

A. 计算机的计算速度

B. 人类的情感反应

C. 机器是否具备智能

D. 算法的能耗效率

16. 人工智能与人类智能的本质区别之一是（　　）不同。

A. 数据处理速度　　B. 物质载体

C. 学习能力　　D. 应用领域广泛性

17. 关于人工智能系统能否真正拥有“意识”或“自我意识”，下列说法中正确的是（　　）。

A. 仍是哲学和科学未解难题

B. 当前技术已实现

C. 仅存在于科幻作品中

D. 仅需增加计算能力即可实现

18. 机器学习与传统编程的主要区别是（　　）。

A. 依赖于显式规则

B. 仅处理结构化数据

C. 需要人工调试

D. 从数据中自动学习

19. 人工智能在网络安全方面的作用主要体现在（　　）。

A. 增加攻击频率

B. 实时威胁监测与防御

C. 降低数据存储需求

D. 替代人类安全团队

20. 中医数智化发展的典型案例是（　　）。

A. 天士力“数智本草”模型

B.“深蓝”计算机

C. GPT-4 多模态应用

D. 自动驾驶农机

二、填空题

1. 智能不是一个单一的能力，而是多种能力的集合。它包括了感知、学习、____________、____________、____________、判断和决策等方面的能力。

2. 图灵在 1950 年提出了验证机器智能的____________测试。

3. 弱人工智能的典型应用包括自动驾驶和____________。

4. ____________与物质的本质、宇宙的起源、生命的本质一起被列为自然界的四大奥秘。

5. ____________是一种程序，能够依据一组从专门知识中推演出的逻辑规则在某一特定领域回答或解决问题。

6. 2025 年，以____________为代表的中国大语言模型，通过低成本模型架构、开源生态构建及多模态技术融合，不仅推动了智能体的普惠化应用，还重塑了全球 AI 竞争格局。

7. 人工智能的研究发展中，存在两种主要的视角和研究方向____________和____________。

8. 在医疗领域辅助诊断的 AI 大模型包括百度的____________。

9. 推动中医标准化的 AI 大模型是“____________”。

10. 人工智能通过分析____________数据预测流感活动，提升公共卫生管理效率。

三、判断题

1. 感知是智能的起点，但仅凭感知无法实现真正的智能。 (   )

2. Dendral 专家系统能够根据质谱数据推测分子结构。 (   )

3. 目前绝大多数人工智能的应用都属于强人工智能。 (   )

4. 大数据仅对传统机器学习算法重要，对深度学习影响有限。 (   )

5. 人工智能与人类智能在很多方面表现得相似，因此二者是一样的。 (   )

6. “数智本草”大模型仅用于中药研发，未涉及临床应用。 (   )

7. 人工智能在太空探索中仅用于数据采集，未用于数据分析。 (   )

8. GPT-4 在伦理安全性方面未做任何改进。 (   )

9. 利用物联网（IoT）技术和传感器，人工智能可以实现对生产设备的实时监控和自动化控制。 (   )

10. AI 在网络安全方面的作用仅限于事后响应，无法提前预防攻击。 (   )

第 14 章 机器学习基础习题

一、选择题

1. 产生式表示法的典型形式是（　　）。

A. 谓词公式　　B. 如果 - 那么规则

C. 框架结构　　D. 图网络

2. 知识图谱的核心特征是（　　）。

A. 基于节点和边表示语义关系　　B. 使用逻辑规则推理

C. 仅支持文本分类　　D. 依赖于专家系统

3. 演绎推理的特点是（　　）。

A. 从个别到一般　　B. 结论具有不确定性

C. 前提为真则结论必然为真　　D. 用于发现新规律

4. 贝叶斯网络的核心作用是（　　）。

A. 处理图像分割　　B. 表示变量之间的概率依赖

C. 生成文本摘要　　D. 优化推荐系统

5. 框架表示法的优势是（　　）。

A. 支持动态知识更新　　B. 仅适用于二分类

C. 完全基于统计学习　　D. 无须特征工程

6.（　　）属于溯因推理的应用场景。

A. 数学定理证明　　B. 汽车故障诊断

C. 股票价格预测　　D. 图像风格迁移

7. 语义网络表示法利用（　　）描述事件、概念、状况、动作以及客体之间的关系。

A. 逻辑命题和连接词　　B. 节点和“带标记的有向图”

C. 高斯分布参数　　D. 强化学习奖励机制

8. 知识推理的动态更新特性是指（　　）。

A. 仅支持静态数据　　B. 依赖于固定专家系统

C. 随新知识加入调整推理规则　　D. 无须数据预处理

9. 逻辑表示法最适用的场景是（　　）。

A. 图像分类　　B. 需要精确推理的医疗诊断

C. 情感分析　　D. 推荐系统

10. 基于规则的推理常用于（　　）。

A. 自动驾驶路径规划　　B. 专家系统中的故障诊断

C. 文本生成　　D. 图像降噪

11. 过拟合的主要表现是（　　）。

A. 训练误差和测试误差均高　　B. 训练误差低但测试误差高

C. 模型无法收敛　　D. 特征空间维度不足

12. 监督学习中，标签的作用是（　　）。

A. 描述数据分布　　B. 生成新的特征

C. 降低计算复杂度　　D. 作为模型的预测目标

13. 交叉熵损失函数主要用于（　　）。

A. 回归任务　　B. 分类任务

C. 聚类任务　　D. 降维任务

14. 数据集划分中验证集的作用是（　　）。

A. 调整超参数　　B. 训练模型参数

C. 评估最终性能　　D. 清洗数据

15. 特征工程的目的是（　　）。

A. 增加数据量　　B. 提取对任务有用的特征

C. 减少模型参数　　D. 降低算法复杂度

16.（　　）属于回归任务。

A. 判断邮件是否为垃圾邮件　　B. 预测房价

C. 图像分割　　D. 用户聚类

17. 精确率（Precision）的计算公式是（　　）。

A. TP /（TP + FN）

B. TP /（TP + FP）

C.（TP + TN）/（TP + TN + FP + FN）

D.（2 * Precision * Recall）/（Precision + Recall）

18. 早停法（early stopping）可用于缓解（　　）。

A. 欠拟合　　B. 数据噪声

C. 过拟合　　D. 特征缺失

19. 均方误差（MSE）常用于评估（　　）。

A. 分类模型　　B. 回归模型

C. 聚类模型　　D. 降维模型

20. 模型泛化能力是指（　　）。

A. 对训练数据的拟合程度　　B. 对未知数据的预测能力

C. 计算速度　　D. 参数数量

21. 强化学习的核心机制是（　　）。

A. 最小化损失函数　　B. 基于概率分布

C. 依赖于标记数据　　D. 通过试错获取奖励信号

22. 半监督学习适用于（　　）。

A. 大量未标记数据

B. 少量标记数据和大量未标记数据

C. 完全无标记数据

D. 高维稀疏数据

23. 无监督学习的典型任务是（　　）。

A. 分类　　B. 聚类

C. 回归　　D. 异常检测

24. 迁移学习的核心优势是（　　）。

A. 利用源领域知识提升目标任务性能

B. 需要大量目标领域数据

C. 仅适用于文本数据

D. 依赖于强化学习框架

25.（　　）属于监督学习。

A. K-means　　B. 支持向量机

C. 主成分分析　　D. 自编码器

26. 强化学习中，Q-learning 的目标是学习（　　）。

A. 策略函数　　B. 奖励分布

C. 状态转移概率　　D. 动作价值函数

27. 自训练（self-training）属于（　　）。

A. 监督学习　　B. 半监督学习

C. 无监督学习　　D. 迁移学习

28.（　　）是适合处理动态环境的算法。

A. 线性回归　　B. KNN

C. 强化学习　　D. 决策树

29. 层次聚类（hierarchical clustering）的特点是（　　）。

A. 需要预先指定簇数量　　B. 生成树形结构

C. 仅适用于低维数据　　D. 依赖于标记数据

30.（　　）属于生成式方法。

A. 支持向量机　　B. 随机森林

C. 逻辑回归　　D. 高斯混合模型

31. 朴素贝叶斯分类器的核心假设是（　　）。

A. 特征服从高斯分布　　B. 特征之间条件独立

C. 数据线性可分　　D. 标签连续分布

32. KNN 算法的缺点是（　　）。

A. 无法处理非线性数据　　B. 依赖于概率分布

C. 仅支持二分类　　D. 计算复杂度随数据量增加

33. 支持向量机中核函数的作用是（　　）。

A. 降低数据维度　　B. 将数据映射到高维空间

C. 减少过拟合　　D. 加速参数更新

34. 决策树容易过拟合的原因是（　　）。

A. 特征独立性假设
B. 依赖于欧氏距离
C. 树深度过大
D. 仅支持分类任务

35. 线性回归的损失函数是（　　）。

A. 均方误差
B. 交叉熵
C. 准确率
D. F1 分数

36. K-means 算法的终止条件通常是（　　）。

A. 所有数据点分配到簇
B. 质心不再显著变化
C. 达到最大迭代次数
D. 数据维度降低

37. 随机森林的核心思想是（　　）。

A. 单一决策树
B. 基于概率分布
C. 多棵决策树集成
D. 依赖于强化学习

38. 梯度下降法用于优化（　　）。

A. 数据预处理
B. 模型参数
C. 特征选择
D. 评估指标

39. 主成分分析属于（　　）。

A. 降维算法
B. 分类算法
C. 聚类算法
D. 回归算法

40.（　　）属于集成学习算法。

A. 逻辑回归
B. 线性回归
C. K-means
D. 随机森林

41. 医学影像分析常用（　　）。

A. 3D 卷积神经网络
B. 线性回归
C. 协同过滤
D. 朴素贝叶斯

42. 推荐系统中，协同过滤基于（　　）。

A. 用户或物品的相似性
B. 文本内容分析
C. 图像特征提取
D. 时间序列预测

43. 自动驾驶中，路径规划依赖（　　）。

A. 强化学习
B. 逻辑回归
C. 主成分分析
D. K-means

44. 情感分析属于自然语言处理的（　　）。

A. 聚类任务
B. 回归任务
C. 分类任务
D. 降维任务

45. 异常检测常用于（　　）。

A. 语音合成
B. 图像分类
C. 文本生成
D. 金融欺诈识别

46. 图像分割在医疗中用于（　　）。

A. 患者情感分析
B. 肿瘤区域定位

C. 药品推荐　　D. 信用评分

47. 强化学习在游戏领域的典型应用是（　　）。

A. AlphaGo　　B. 线性回归

C. 决策树　　D. KNN

48. 计算机视觉中迁移学习常利用（　　）作为预训练模型。

A. ImageNet 上预训练的卷积神经网络　　B. 随机森林

C. 高斯混合模型　　D. 逻辑回归

49. 工业质检中，常用到（　　）。

A. 语音识别　　B. 文本分类

C. 机器视觉　　D. 推荐系统

50. 智能灌溉系统属于（　　）。

A. 智慧农业应用　　B. 金融风控

C. 医疗诊断　　D. 自动驾驶

二、填空题

1. 框架表示法通过定义框架的____________（如槽和值）来描述事物的属性。

2. 常见的____________包括逻辑表示法、框架表示法、产生式表示法、面向对象表示法、语义网络表示法和知识图谱等。

3. 知识推理依赖于预先构建的____________或____________，这些知识库通常包含大量的实体、属性、关系等，为推理提供了丰富的素材。

4. 知识图谱通过____________和边表示实体之间的语义关系。

5. 基于规则的推理中，若规则为“天气是雨天，则需带伞”，则输入“天气是雨天”时的结论是____________。

6. 模型在训练数据上表现良好，但在新数据上表现较差的现象称为____________。

7. 用于调整模型超参数的数据集称为____________集。

8. 将原始数据转换为适合模型输入特征的过程称为____________。

9. 监督学习中，预测连续值的任务称为____________。

10. 召回率的计算公式为____________/（TP + FN）。

11. 监督学习是一种机器学习范式，它的核心在于使用带有____________的训练数据来构建模型。

12. 在高维数据中，可能存在很多冗余信息。____________的目的是在尽量保留数据原有重要信息的前提下，将高维数据转换到低维空间。

13. 无监督学习中，将数据划分为相似组的任务称为____________。

14. 迁移学习中，通过共享模型参数实现知识迁移的方法属于____________迁移。

15. KNN 算法通过计算样本间的____________（如欧氏距离）确定最近邻。

16. ____________是所有可能的特征值的组合所构成的空间。

17. 为了确保机器学习模型具有良好的泛化能力，通常会将数据集划分为以下几部分：____________集、____________集、____________集。

18. K-means 算法通过不断更新____________直至收敛完成聚类。

19. 回归任务主要处理数值的____________问题，即预测连续型变量的值。

20. ____________是一种生物识别技术，通过分析和比对人脸特征来识别个人身份。

三、判断题

1. 逻辑表示法是用逻辑公式来表示知识的方法。 (　　)

2. 半监督学习完全依赖于未标记数据进行模型训练。 (　　)

3. 聚类是将数据点划分为不同的组（簇），使得同一簇内的数据点彼此相似，而不同簇的数据点差异较大。 (　　)

4. 欠拟合通常是因为模型过于简单，或者特征选择不足，使得模型在训练数据和测试数据上的表现都很差，无法捕捉数据中的规律。 (　　)

5. KNN 算法在训练阶段需要大量计算来调整模型参数。 (　　)

6. 决策树的过拟合问题通常由树深度过小导致。 (　　)

7. 迁移学习可以利用预训练模型加速目标任务训练。 (　　)

8. 支持向量机无法处理非线性可分数据。 (　　)

9. 分类任务通常处理离散变量，它是监督学习中常见的任务之一，广泛应用于银行欺诈检测、人脸识别、疾病预测等领域。 (　　)

10. 线性回归是一种用于建立变量之间线性关系的统计分析方法，在机器学习中属于监督学习算法。 (　　)

第 15 章 深度学习基础习题

一、选择题

1. 神经网络中隐藏层的主要作用是（　　）。

A. 接收原始数据　　B. 逐步提炼数据特征

C. 输出最终结果　　D. 调整模型参数

2. 激活函数（ReLU）的主要缺点是（　　）。

A. 输出范围过大　　B. 计算复杂度高

C. 可能导致部分神经元“永久关闭”　　D. 仅适合分类任务

3. 前向传播过程中，数据的流动方向是（　　）。

A. 从输出层到输入层　　B. 从输入层到输出层

C. 随机传递　　D. 双向传递

4. 梯度下降算法通过调整（　　）来最小化损失函数。

A. 输入数据　　B. 数据集大小

C. 激活函数类型　　D. 模型参数（权重）

5.（　　）函数适合二分类任务。

A. 均方误差（MSE）　　B. 交叉熵损失

C. 平均绝对误差（MAE）　　D. Hinge 损失

6. 小批量梯度下降与批量梯度下降相比的主要优势是（　　）。

A. 计算效率更高　　B. 参数更新更稳定

C. 梯度更平滑　　D. 以上都是

7. 卷积神经网络（CNN）的核心操作是（　　）。

A. 池化　　B. 卷积

C. 全连接　　D. 反向传播

8. 最大池化的作用是（　　）。

A. 提取局部区域最大值　　B. 增加特征图尺寸

C. 增强模型非线性能力　　D. 减少计算量

9. 循环神经网络（RNN）适合处理（　　）类型的数据。

A. 图像　　B. 时序序列

C. 结构化表格　　D. 高维稀疏数据

10. LSTM 通过引入（　　）机制解决梯度消失问题。

A. 随机丢弃神经元

B. 批量归一化
C. 门控单元（遗忘门、输入门、输出门）
D. 残差连接

11. 自编码器（autoencoder）的核心目标是（　　）。
A. 生成新数据　B. 学习数据的低维表示
C. 分类图像　D. 检测异常

12. 生成对抗网络（GAN）中生成器的任务是（　　）。
A. 区分真实数据和生成数据　B. 计算损失函数
C. 生成与真实数据相似的样本　D. 优化判别器

13. 图神经网络（GNN）主要用于处理（　　）。
A. 时序序列　B. 文本数据
C. 高维矩阵　D. 图结构

14. 医疗影像分析最可能使用的深度学习模型是（　　）。
A. RNN　B. CNN
C. GAN　D. MLP

15. 以下任务中，（　　）属于 NLP 领域。
A. 图像分类　B. 机器翻译
C. 股票预测　D. 语音去噪

16. BERT 模型的预训练任务是（　　）。
A. 掩蔽语言建模（MLM）　B. 图像生成
C. 时序预测　D. 数据压缩

17. 语音识别中，声学模型常用的神经网络是（　　）。
A. CNN　B. RNN/LSTM
C. GAN　D. Autoencoder

18. 深度学习中，过拟合的解决方法是（　　）。
A. 增加训练数据　B. 使用 Dropout
C. 减小模型复杂度　D. 以上都是

19. 残差网络（ResNet）通过（　　）解决深层网络训练问题。
A. 门控机制　B. 卷积核
C. 池化层　D. 残差连接（跳跃连接）

20. 以下激活函数中，（　　）的输出范围是（-1，1）。
A. ReLU　B. Sigmoid
C. Tanh　D. Leaky ReLU

21. 图像分割任务常用的模型是（　　）。
A. YOLO　B. U-Net
C. AlexNet　D. BERT

22. 梯度下降中学习率过大会导致（　　）。
A. 参数振荡　B. 收敛速度慢

C. 梯度消失　　D. 模型欠拟合

23. 条件生成对抗网络（CGAN）的输入包括（　　）。

A. 随机噪声　　B. 类别标签

C. 两者都是　　D. 两者都不是

24. 图神经网络的消息传递机制用于（　　）。

A. 生成图像　　B. 聚合邻居节点的信息

C. 分类文本　　D. 压缩数据

25. 以下各项中，（　　）是 GAN 的典型应用。

A. 图像分类　　B. 图像生成

C. 语音识别　　D. 文本翻译

26. RNN 的“时间展开”机制是为了（　　）。

A. 显式呈现隐含的时序依赖　　B. 减少参数量

C. 加速计算　　D. 防止过拟合

27. 批量归一化（batch normalization）的作用是（　　）。

A. 增加模型非线性　　B. 加速训练并稳定梯度

C. 减少数据维度　　D. 生成新样本

28. 以下应用中，（　　）最可能会用到 GAN 模型。

A. 语音识别　　B. 人脸识别

C. 文本编辑　　D. 科学计算

29. 电子健康记录（EHR）分析中常用的深度学习方法是（　　）。

A. CNN　　B. RNN/LSTM

C. GAN　　D. SVM

30. Wasserstein GAN（WGAN）的改进方式是（　　）。

A. 使用交叉熵损失　　B. 引入条件标签

C. 增加生成器层数　　D. 改用 Wasserstein 距离

二、填空题

1. 神经网络通常包含以下关键组件来构建一个模型：____________、隐藏层、______________。

2. 激活函数 Sigmoid 适合概率映射，但计算量大且易导致____________消失。

3. 神经网络的训练是一个迭代过程，主要包括前向传播、损失函数计算、反向传播和____________四个步骤。

4. 反向传播通过计算____________来调整神经元的权重。

5. 梯度下降算法中，控制参数更新步长的超参数称为____________。

6. 交叉熵损失函数常用于衡量____________任务中预测分布与真实分布的差异。

7. CNN 的核心操作是卷积，用于提取____________。

8. 卷积操作通过应用____________来对输入数据进行处理，从而生成特征图。

9. RNN 通过____________机制传递历史信息，处理时序序列。

10. LSTM 的中文全称是____________。

11. 自编码器由三个主要部分组成：编码器、____________、解码器。

12. GAN 由生成器和____________组成，两者通过对抗训练共同优化。

13. GNN 是一种专门处理____________结构数据的深度学习模型。

14. 医疗影像分析中，处理三维数据（如 CT 扫描）常用____________神经网络。

15. 预训练语言模型是深度学习在 NLP 领域的重要进展之一，常见的预训练语言模型包括：BERT、____________、T5、XLNet 等。

16. 语音识别中，RNN 的变体____________更适合建模长时序依赖。

17. YOLO（You Only Look Once）是一种常见的目标检测算法，它通过____________实现实时目标检测。

18. Google Assistant、AppleSiri、Amazon Alexa 等语音助手应用于语音识别与生成领域，它们都采用了____________技术。

19. EHR 分析中，常用于建模时序数据的网络是____________。

20. GAN 在图像生成中通过____________距离优化生成质量（如 WGAN）。

三、判断题

1. ReLU 的主要缺点是输出范围过大。（　　）

2. 深度学习模型的核心目标是通过优化算法找到模型参数的最优解，使得损失函数值最大化。（　　）

3. 卷积神经网络解决了传统全连接网络在处理图像时的三大困境：参数量爆炸、平移不变性缺失以及空间信息冗余。（　　）

4. 无向图是由一组顶点和一组边组成的图，其中边没有方向。（　　）

5. CNN 主要用于解决与自然语言处理相关的问题。（　　）

6. LSTM 是 CNN 的一种变体。（　　）

7. 自编码器可以将高维数据压缩为低维表示，从而减少存储和传输的数据量。常见的应用包括图像压缩、视频压缩等。（　　）

8. GNN 通过全连接层处理图结构数据。（　　）

9. 医疗影像分析中，3D 卷积神经网络可处理 CT 扫描数据。（　　）

10. WGAN 使用交叉熵损失函数优化生成器。（　　）

第 16 章 自然语言处理习题

一、选择题

1. 单标签分类的定义是（　　）。
A. 每个文本可分配多个类别　　B. 需逐级细分到子类别
C. 每个文本只能分配一个类别　　D. 标签之间完全独立
2. TF-IDF 的作用是（　　）。
A. 生成词向量　　B. 衡量词的重要性
C. 降低数据维度　　D. 防止过拟合
3. 层次分类任务的核心特征是（　　）。
A. 标签互斥　　B. 类别具有父子层级关系
C. 概率输出　　D. 多语言支持
4. 医疗病例分类属于（　　）。
A. 层次分类　　B. 二分类
C. 多标签分类　　D. 排序分类
5. TextCNN 的核心操作是（　　）。
A. 递归计算
B. 通过不同窗口的卷积来提取词组特征
C. 全连接分类
D. 词向量平均
6. 垃圾邮件检测属于（　　）。
A. 多分类　　B. 二分类
C. 层次分类　　D. 情感分析
7. 数据不平衡问题是指（　　）。
A. 数据量过大　　B. 标签定义模糊
C. 特征维度过高　　D. 某些类别的样本极少
8. 法律文书分类的关键是（　　）。
A. 情感词提取　　B. 图像处理
C. 专业术语识别　　D. 语音转写
9. FastText 模型的分类原理是（　　）。
A. 依赖语法树　　B. 词向量平均后线性分类
C. 卷积操作　　D. 强化学习

10. 以下各项中，(　　) 不是文本分类的评估指标。

A. 准确率　　B. BLEU

C. F1 值　　D. ROC 曲线

11. 篇章级情感分析的对象是 (　　)。

A. 整篇文档　　B. 单个句子

C. 特定属性　　D. 语音片段

12. Plutchik 提出的情绪轮包含的基本情绪数量是 (　　)。

A. 5　　B. 12

C. 10　　D. 8

13. SKEP 模型的改进在于 (　　)。

A. 图像数据增强　　B. 情感知识预训练

C. 减少参数数量　　D. 随机噪声注入

14. 斯坦福情感树库的标注粒度是 (　　)。

A. 文档级　　B. 句子级

C. 属性级　　D. 跨语言

15. 属性级情感分析的核心任务是 (　　)。

A. 判断整篇文档的极性　　B. 识别观点持有者

C. 提取具体属性的情感极性　　D. 生成情感摘要

16. GoEmotions 数据集包含的情绪标签数量是 (　　)。

A. 10　　B. 27

C. 5　　D. 3

17. 虚假评论检测属于情感分析的 (　　)。

A. 主任务　　B. 拓展任务

C. 基础任务　　D. 无效任务

18. HAN 模型用于 (　　)。

A. 篇章级情感分析　　B. 图像分类

C. 语音识别　　D. 机器翻译

19. 餐厅评论数据集 Restaurant14 用于 (　　)。

A. 文本生成　　B. 属性级情感分析

C. 图像分割　　D. 语音合成

20. 情感分析中，METEOR 评分考虑 (　　)。

A. 仅词频匹配　　B. 同义词和词形变化

C. 图像特征　　D. 语音语调

21. 统计机器翻译（SMT）依赖 (　　)。

A. 人工规则　　B. 图像数据

C. 神经网络　　D. 双语平行语料库

22. Transformer 模型的核心机制是 (　　)。

A. 卷积层　　B. 池化层

C. 自注意力机制　　D. 循环连接

23. BLEU 评分衡量（　　）。

A. 语义准确性　　B. n-gram 的词汇重叠度

C. 翻译速度　　D. 人工评估一致性

24. 神经机器翻译（NMT）的优势是（　　）。

A. 依赖人工规则　　B. 捕捉上下文语义

C. 无须训练数据　　D. 仅支持短文本

25. Encoder-Decoder 架构处理（　　）。

A. 固定长度输入　　B. 语音信号

C. 图像数据　　D. 变长序列

26. WMT 评测关注（　　）。

A. 图像分类　　B. 翻译质量

C. 语音识别　　D. 硬件性能

27. 词嵌入的作用是（　　）。

A. 生成随机向量　　B. 表示词汇语义关系

C. 简化语法分析　　D. 降低计算成本

28. RBMT 的缺点是（　　）。

A. 规则维护成本高　　B. 无须语言知识

C. 支持小语种　　D. 上下文理解能力强

29. Attention 机制解决（　　）。

A. 数据稀疏性　　B. 长距离依赖

C. 计算速度　　D. 多语言冲突

30. 小语种翻译的主要挑战是（　　）。

A. 计算资源充足　　B. 模型可解释性强

C. 平行语料稀缺　　D. 语义简单

31. 搜索引擎的查询扩展用于（　　）。

A. 减少结果数量　　B. 增加同义词和近义词

C. 限制语义范围　　D. 降低计算速度

32. 智能客服的核心技术是（　　）。

A. 图像识别　　B. 化学合成

C. 视频渲染　　D. 问答系统

33. 文本生成的风险是（　　）。

A. 提高创意　　B. 传播虚假信息

C. 降低效率　　D. 减少数据需求

34. 多模态情感分析整合（　　）。

A. 文本和图像　　B. 硬件参数

C. 化学公式　　D. 气味信号

35. 信息检索的目标是（　　）。

A. 生成新文本　　B. 筛选有用信息

C. 渲染 3D 模型　　D. 优化硬件

36. 机器翻译在电商中的应用是（　　）。

A. 图像分类　　B. 用户行为预测

C. 多语言商品描述翻译　　D. 服务器优化

37. NLP 的发展方向包括（　　）。

A. 减少多模态融合　　B. 跨语言和文化处理

C. 依赖单一语言　　D. 降低模型复杂度

38. 医疗领域中 NLP 用于（　　）。

A. CT 图像重建　　B. 手术机器人控制

C. 病历记录分类　　D. 药物分子设计

39. 伦理问题的核心是（　　）。

A. 提高模型速度　　B. 数据隐私和算法公平

C. 增加参数　　D. 简化模型

40. GPT 模型的核心能力是（　　）。

A. 图像渲染　　B. 连贯文本生成

C. 硬件加速　　D. 化学合成

二、填空题

1. 文本分类的第一步是从原始文本中提取有效的____________。

2. 文本分类任务中，____________是一种将词语转换为低维稠密向量的技术。

3. 多标签分类任务中，每个文本样本可以同时属于____________个类别。

4. 传统的文本分类算法包括朴素贝叶斯、____________、决策树等。

5. 相比于传统的 RNN，TextCNN 计算速度更快，更适合____________分类任务。

6. ____________是文本分类应用中的一个重要领域，在舆情监控与危机管理中广泛应用。

7. 深度学习模型在很多任务上取得了极高的准确率，但它们往往无法明确解释决策过程和输出结果，这一问题被称为模型的“____________”问题。

8. FastText 模型通过词向量平均后输入____________进行分类。

9. 情感分析的核心任务通常分为两类：观点分析和____________。

10. 斯坦福情感树库的标注粒度是____________。

11. 文本分类技术已经广泛应用于各个领域，它们仍然存在一系列局限性和挑战，数据方面的问题主要包括：数据不平衡问题、____________难题、数据稀疏与高维性。

12. GPT、BERT 属于预训练____________模型。

13. 与句子级情感分析不同，篇章级情感分析将____________视为一个整体，通常假设文档仅对一个实体或主题进行评论，而不细分到单独的实体或属性。

14. 基于规则的机器翻译的缺点是____________成本高。

15. 在搜索引擎中，____________是处理查询的第一步。

16. ____________是聊天机器人最早实现大规模商业化的领域之一，可以自动处理用户的常见问题，如订单查询、退换货政策解答等。

17. 文本生成模型如 BERT，基于____________架构。

18. 情感分析中的层次注意力网络使用____________来加权句子。

19. 未来 NLP 方向包括____________学习以减少数据依赖。

20. 在神经机器翻译（NMT）中，____________结构用于处理输入序列和输出序列的映射。

21. 在医疗领域，聊天机器人提供初步____________咨询。

22. WMT 评测关注机器翻译的____________。

23. 源语言和____________是机器翻译的两个核心概念。

24. 词嵌入技术用于表示词汇的____________关系。

25. 文本生成技术可能导致内容____________。

26. 聊天机器人在医疗领域的应用包括提供初步____________建议。

27. 聊天机器人通过____________技术将复杂问题转接至人工客服。

28. 在信息检索技术中，____________算法用于根据多因素优化搜索结果排序。

29. 机器翻译的评估方法中，____________评分基于编辑距离计算。

30. 多模态情感分析整合文本和____________信息，以捕捉更丰富的情感线索。

三、判断题

1. 文本分类不属于自然语言处理。 (　　)

2. 层次分类任务中的类别是平面结构的。 (　　)

3. 通过引入增强学习和自监督学习的方法，可以减少对大量标注数据的依赖。 (　　)

4. SVM 属于深度学习模型。 (　　)

5. 垃圾邮件检测是文本分类应用中的经典任务。 (　　)

6. 为了应对线性不可分的情况，SVM 引入软间隔概念，并通过 Hinge 损失函数和惩罚参数调整模型。 (　　)

7. RNN 通过递归地处理句子的语法结构，能够更好地捕捉句子的语义信息。 (　　)

8. BERT 模型通过生成式的方式帮助生成更具情感倾向的文本，而 GPT 模型则通过双向编码器来理解上下文。 (　　)

9. 词向量和深度学习模型在文本分类中已经取得了显著的进展，但它们在处理语言的多义性、讽刺性、隐喻等问题时已经没有挑战了。 (　　)

10. 文本生成技术不必考虑内容真实性与伦理问题。 (　　)

第 17 章 生成式人工智能习题

一、选择题

1. 生成式 AI 的核心能力是（　　）。

A. 分析数据规律　　B. 创造新内容

C. 优化硬件性能　　D. 加速数据存储

2. 生成式 AI 在医疗领域的应用不包括（　　）。

A. 生成虚拟患者　　B. 自动化质检

C. 个性化诊疗建议　　D. 心理健康对话

3. 生成式 AI 在金融领域的核心作用是（　　）。

A. 风险评估与欺诈检测　　B. 医学影像生成

C. 农业种植模拟　　D. 工业机器人控制

4. 生成式 AI 在教育领域的典型应用是（　　）。

A. 生成个性化习题　　B. 手术模拟训练

C. 基因测序分析　　D. 硬件芯片设计

5. 生成式 AI 的伦理挑战主要是（　　）。

A. 缺乏道德判断能力　　B. 计算速度不足

C. 数据存储能力不足　　D. 硬件能耗过高

6. 生成式 AI 在艺术创作中的主要局限是（　　）。

A. 模型参数过多　　B. 数据处理能力弱

C. 缺乏人类审美情趣　　D. 硬件兼容性差

7. 生成式 AI 在法律领域的应用是（　　）。

A. 图像风格迁移　　B. 药物分子设计

C. 自动驾驶决策　　D. 合同条款自动生成

8.（　　）属于提示词编写的关键要素。

A. 硬件型号　　B. 指令与上下文

C. 数据存储方式　　D. 网络带宽

9. “角色扮演法”在提示词中的作用是（　　）。

A. 提升输出专业性　　B. 减少模型参数

C. 加速计算速度　　D. 降低数据需求

10. 分步引导策略的核心目的是（　　）。

A. 降低 AI 推理错误率　　B. 增加模型复杂度

C. 简化硬件配置　　D. 提高数据标注效率

11. 生成式 AI 在工业设计中的应用是（　　）。

A. 农业病虫害预测　　B. 医学影像增强
C. 金融投资分析　　D. 生成产品原型

12. 生成式 AI 处理动态环境的不足体现在（　　）。

A. 依赖预设规则　　B. 计算速度慢
C. 数据存储不足　　D. 硬件成本高

13. 角色扮演法在提示词中的作用是（　　）。

A. 提升专业领域输出可信度　　B. 降低模型计算成本
C. 加速硬件运行　　D. 增强图像分辨率

14. 分步引导策略的目的是（　　）。

A. 简化用户操作　　B. 增加模型参数数量
C. 降低 AI 推理错误率　　D. 提高数据存储速度

15. 示例驱动法在提示词中的应用是（　　）。

A. 提供参考案例对齐输出预期　　B. 优化硬件性能
C. 减少数据标注成本　　D. 增强语音合成效果

16. 生成式 AI 在内容创作中的优势是（　　）。

A. 生成多模态内容　　B. 降低硬件能耗
C. 减少数据需求　　D. 简化模型结构

17. 生成式 AI 在农业领域的应用是（　　）。

A. 优化种植方案　　B. 法律合同审核
C. 医学影像分析　　D. 金融投资建议

18. 生成式 AI 在环境建模中的作用是（　　）。

A. 生成虚假信息　　B. 构建 3D 地图
C. 加速硬件运行　　D. 减少数据标注

19. 生成式 AI 的“动态目标设定缺失”指（　　）。

A. 依赖预设任务　　B. 计算效率低
C. 数据存储不足　　D. 模型参数冗余

20. 生成式 AI 在医疗影像中的功能是（　　）。

A. 设计工业零件　　B. 生成金融报告
C. 增强图像清晰度　　D. 优化农业数据

21. 生成式 AI 的“伦理监督”必要性在于（　　）。

A. 避免数据偏见风险　　B. 提高计算速度
C. 减少模型参数　　D. 降低硬件成本

22. 生成式 AI 在虚拟测试中的作用是（　　）。

A. 合成极端场景　　B. 生成法律合同
C. 加速基因分析　　D. 优化农业种植

23. 生成式 AI 在个性化驾驶中的应用是（　　）。

A. 工业设计优化　　B. 医学诊断支持

C. 金融风险评估　　D. 学习驾驶习惯

24. 生成式 AI 的核心技术趋势是（　　）。

A. 通用性提升　　B. 硬件成本降低

C. 数据需求减少　　D. 模型结构简化

25. 生成式 AI 在跨语言处理中的挑战是（　　）。

A. 硬件兼容性差　　B. 计算速度不足

C. 小语种数据稀缺　　D. 模型体积过大

26. 生成式 AI 在科研论文写作中的作用是（　　）。

A. 自动生成文献综述　　B. 医学手术模拟

C. 金融数据分析　　D. 图像风格迁移

27. 生成式 AI 在药物研发中的功能是（　　）。

A. 设计分子结构　　B. 生成法律条款

C. 优化农业数据　　D. 控制工业机器人

28. 生成式 AI 在心理健康支持中的应用是（　　）。

A. 生成对话内容　　B. 医学影像分析

C. 金融风险评估　　D. 路径规划优化

29. 生成式 AI 在自动驾驶中的应用是（　　）。

A. 文本翻译　　B. 行为轨迹预测

C. 语音合成　　D. 基因测序

30. 生成式 AI 的本质定位是（　　）。

A. 人类效率工具　　B. 独立决策主体

C. 硬件替代方案　　D. 数据存储媒介

二、填空题

1. 生成式人工智能在金融领域的应用包括____________和欺诈检测。

2. 生成式 AI 在医疗健康领域可通过深度学习算法辅助医生提高诊断的____________。

3. 生成式 AI 在交通出行领域优化____________和驾驶辅助。

4. GAN 由生成器和____________组成，可通过对抗训练优化。

5. 生成式 AI 在药物研发中可快速识别药物靶点并设计新的____________结构。

6. 提示词编写的关键要素包括指令、上下文、输入数据和____________。

7. 生成式 AI 在自动驾驶中通过生成____________数据训练模型，提升预判能力。

8. 生成式人工智能是一种具备生成新内容能力的人工智能技术，它能够创造出包括____________、图像、音频、视频等多种形式的内容。

9. 生成式 AI 在缺陷数据补全中自动生成车辆部件____________图像（如轮胎裂纹）。

10. 经过____________优化的 DeepSeek-R1 模型，在数学问题解决、代码生成以及自然语言推理任务中表现出色，达到了国际领先水平。

11. 生成式 AI 通过____________机制动态关注相关上下文，解决长距离依赖问题。
12. 为避免大模型犯错可在提示词中添加____________减少虚构内容。
13. 医疗大模型通过整合____________数据生成个性化诊疗建议。
14. 生成式 AI 在多模态内容创作中支持文本、图像和____________的融合生成。
15. 提示词优化策略中，“分步引导法”通过分解复杂任务降低____________错误率。
16. 生成式 AI 在科研中可模拟____________反应过程，加速理论验证。

三、判断题

1. 生成式人工智能可以代替人类。 (   )
2. 生成式 AI 能够完全替代人类在艺术创作中的审美判断和想象力。 (   )
3. GAN 由生成器和判别器两部分组成。 (   )
4. 生成式 AI 在医疗领域可生成虚拟患者用于医学教育与技能培训。 (   )
5. 提示词编写时不必明确输出格式，AI 会自动调整内容。 (   )
6. 生成式 AI 在虚拟测试中可通过合成极端天气场景加速算法迭代。 (   )
7. 法律大模型能够独立完成合同审核且无须人类专家参与。 (   )
8. 生成式 AI 在药物研发中能自主设计全新分子结构并直接用于临床试验。 (   )
9. 生成式 AI 的伦理问题仅涉及数据隐私风险，不涉及内容真实性风险。 (   )
10. 生成式 AI 在教育领域可自动生成个性化习题和教学课件。 (   )

第 18 章 人工智能行业应用习题

一、选择题

1. 校园体测系统中，用于人体姿态估计的算法是（　　）。

A. YOLOv3　　B. OpenPose

C. ResNet-50　　D. Mask R-CNN

2. 炼化厂火灾检测系统采用的核心深度学习模型是（　　）。

A. ResNet-50　　B. YOLOv5

C. VGG19　　D. LSTM

3. 医院智能枕头监测生理参数的误差范围是（　　）。

A. ±1%　　B. ±2%

C. ±5%　　D. ±10%

4. 荔枝园土壤酸化改良中推荐使用的材料是（　　）。

A. 石灰　　B. 尿素

C. 生物炭　　D. 腐熟有机肥

5. 智能韭菜收割机的并行收割设计是（　　）。

A. 单行切割装置　　B. 双行切割装置

C. 四轮驱动　　D. 旋转刀片

6. 用于番茄新鲜度分类的深度学习模型是（　　）。

A. YOLOv7　　B. ResNet34

C. VGG16　　D. GoogleNet

7. 柑橘分选系统中，缺陷检测的准确率是（　　）。

A. 85%　　B. 92%

C. 94. 1%　　D. 98%

8. 下列颜色模型中，（　　）更贴近于人类视觉体验。

A. RGB　　B. CMY

C. HSI　　D. CIE XYZ

9. 用于海藻异物检测的模型是（　　）。

A. YOLOv8　　B. ResNet-50

C. MobileNet　　D. U-Net

10. 农业中，变量播种技术的核心目标是（　　）。

A. 提高播种速度　　B. 优化资源利用

C. 降低硬件成本　　D. 简化操作流程

11. 无人机监测玉米螟虫卵的识别准确率是（　　）。

A. 80%　　B. 90%

C. 92%　　D. 95%

12. 精准灌溉技术的节水效率可达（　　）。

A. 20%~40%　　B. 40%~70%

C. 70%~90%　　D. 90% 以上

13. 用于红参霉菌毒素像素级识别的模型是（　　）。

A. 1DCNN-ResBiLSTM-Attention　　B. YOLOv7

C. ResNet-50　　D. LSTM

14. 茶园中，用于监测土壤 pH 值的传感器类型是（　　）。

A. TDR 传感器　　B. 玻璃电极传感器

C. 热成像仪　　D. 微波介电传感器

15. AI 在农业中优化氮肥使用率的提升幅度是（　　）。

A. 10%　　B. 15%

C. 25%　　D. 30%

16. 用于检测农药残留的便携式拉曼光谱系统的检测限是（　　）。

A. 10^3 CFU/g　　B. 0.020 mg/L

C. 1×10^{-7} M　　D. 0.052 μm

17. 核桃分选机中，分割模型的平均交并比（MIoU）是（　　）。

A. 90%　　B. 96. 71%

C. 98%　　D. 99. 4%

18. AI 可预测番茄晚疫病的暴发，预警时间可提前（　　）。

A. 3 天　　B. 7~10 天

C. 14 天　　D. 1 个月

19. 农业大数据平台整合的农田数据量级是（　　）。

A. 10 万条　　B. 50 万条

C. 100 万条　　D. 500 万条

20. 智能分选系统在茶园中的动态抓取成功率是（　　）。

A. 85%　　B. 90%

C. 94. 44%　　D. 98%

二、填空题

1. 在数字图像处理中，一幅图像可看成由图像矩阵中的__________组成。

2. BMP、GIF、JPEG、TIFF 都是数字__________文件格式。

3. RGB 颜色模型中的三种颜色分别是__________、__________、__________。

4. 江苏水稻田通过 AI 推荐施用的改良材料是__________。

5. 为了便于进行图像分析，必须把图像分解成一系列的非重叠区，这种操作称为图像分割____________。

6. 研究表明，____________在高光谱数据分类上的准确率远超传统的支持向量机，充分展示了深度学习在无损检测中的巨大潜力。

7. ____________是指根据土壤肥力变异情况和作物养分需求，采取的针对性变量施肥技术。

8. 精准农业的核心理念是以“____________”为核心，通过空间分辨率细化到“田块级”甚至“植株级”，实现资源投入与产出最大化匹配。

9. AI 驱动的环境智能管理主要利用____________预测模型，LSTM 网络预测未来 72 小时土壤湿度变化。

10. 深度学习已推动食品分拣从依赖人工经验向智能化、标准化转型，未来通过____________数据融合（如光谱 - 力学 - 声学信号联合分析）将进一步释放技术潜力。

三、判断题

1. 炼化厂火灾监测系统采用 ResNet-50 模型进行火焰识别。（　　）

2. 农业大数据是单一维度、同构的数据。（　　）

3. 化肥农药的过度使用能提高农产品的品质和安全性，对消费者健康没有威胁。（　　）

4. 联合收割机可以在短时间内完成大面积的收割作业；而智能化收割机则能够确保收割的准确性和高效性。（　　）

5. 基于视觉识别的作物质量检测与分拣技术主要利用 NLP 技术。（　　）

第19章 人工智能伦理习题

一、选择题

1.（　　）暴露了数据隐私保护的漏洞。

A. 亚马逊 AI 简历筛选系统对女性候选人的偏见

B. Facebook 用户数据被 Cambridge Analytica 非法获取

C. IBM 的 Watson for Oncology 决策不透明

D. 特斯拉自动驾驶未能识别前方行人

2. 亚马逊终止开发的 AI 简历筛选系统的主要原因是（　　）。

A. 数据偏见与歧视　　B. 数据隐私

C. 透明度不足　　D. 自主性失控

3. COMPAS 工具在美国司法系统中被发现对（　　）群体产生不公平评分。

A. 女性　　B. 非裔美国人

C. 亚裔美国人　　D. 低收入

4. 欧盟在《人工智能责任指令》中提出的“因果关联推定”原则主要用于解决（　　）。

A. 数据隐私泄露

B. 黑箱效应导致的责任认定困难

C. 能源消耗过高

D. 算法推荐导致的信息茧房

5. 我国的（　　）是全球首部针对生成式人工智能的成文法规。

A.《中华人民共和国数据安全法》

B.《中华人民共和国个人信息保护法》

C.《人工智能法》

D.《生成式人工智能服务管理暂行办法》

6. 以下属于环境层面的 AI 伦理问题的是（　　）。

A. 脑机接口头环监控学生专注度

B. GPT-3 训练消耗大量电力

C. 自动驾驶汽车事故责任归属

D. 社交媒体算法加剧信息茧房

7. Uber 自动驾驶测试车辆发生事故的主要原因是（　　）。

A. 数据泄露　　B. 未能正确识别行人

C. 算法偏见　　D. 用户操作失误

8. 我国在《新一代人工智能发展规划》中提出的“三步走”战略首次发布于哪一年（　　）。

A. 2017 年　　B. 2020 年

C. 2023 年　　D. 2024 年

9.“脑机接口头环监控学生专注度”事件主要涉及哪个层面的伦理问题（　　）。

A. 个人层面　　B. 社会层面

C. 环境层面　　D. 技术层面

10. 欧盟的《人工智能法案》正式通过的时间是（　　）。

A. 2023 年 3 月　　B. 2024 年 3 月

C. 2025 年 1 月　　D. 2022 年 9 月

11. 以下哪项技术用于保护数据隐私（　　）。

A. 深度学习　　B. 差分隐私

C. 自然语言处理　　D. 计算机视觉

12.“黑箱问题”主要指 AI 系统的（　　）。

A. 能源消耗高　　B. 数据收集不合法

C. 决策过程不透明　　D. 硬件成本高昂

13. 我国在《人工智能标准化白皮书》中提出建立（　　）评估体系。

A. 技术性能　　B. 伦理与责任

C. 经济效益　　D. 用户满意度

14. 首届全球人工智能安全峰会的举办地是（　　）。

A. 北京　　B. 布鲁塞尔

C. 英国布莱切利园　　D. 旧金山

15. 自动驾驶事故中，责任主体通常不包括（　　）。

A. 汽车制造商　　B. 驾驶员

C. 算法开发者　　D. 数据匿名化服务商

16. 以下属于 AI 在金融领域的责任问题的是（　　）。

A. 自动驾驶事故责任划分　　B. 算法交易导致投资者损失

C. 医疗诊断延误　　D. 社交媒体数据泄露

17. 欧盟的《人工智能责任指令》中提出受害者可通过（　　）原则减轻举证负担。

A. 数据匿名化　　B. 因果关联推定

C. 算法透明性　　D. 能源效率优先

18. AI 在医疗领域的伦理问题通常涉及的责任主体是（　　）。

A. 临床医师　　B. 汽车厂商

C. 社交媒体平台　　D. 金融机构

19. 全球数据中心的用电量约占全球总用电量的比例是（　　）。

A. 0. 5%~1%　　B. 1. 5%~2%

C. 3%~4%　　D. 5%~6%

20.《布莱切利宣言》着重呼吁（　　）。

A. 限制 AI 技术发展　　B. 加强全球合作

C. 提高算法透明度　　D. 降低数据收集量

二、填空题

1. 人工智能伦理问题可从________、社会层面和环境层面进行分类。

2. 亚马逊 AI 简历筛选系统因训练数据主要来自________候选人，导致对女性的偏见。

3. 2023 年 6 月 6 日，国务院发布《2023 年度立法工作计划》，明确将《________》纳入年度立法规划。

4. GPT-3 模型训练消耗的电力相当于________个美国家庭一年的用电量。

5. 我国首部人工智能产业专项立法是《________》。

6. 保护数据隐私的技术手段包括数据匿名化和________。

7. 荷兰马斯特里赫特大学学者________指出自然科学家与应用方的责任推诿问题。

8. 首届全球人工智能安全峰会发布的文件是《________》。

9. 浙江某小学使用“________”头环监控学生专注度引发争议。

10. 在当前的技术发展阶段，人工智能尚未具备________的法律责任主体地位。

三、判断题

1. 人工智能正处于蓬勃发展的关键阶段，已成为现代社会不可或缺的重要组成部分。然而，人机协同的趋势日益明显，“以人为中心”的伦理理念面临前所未有的挑战。（　）

2.《中华人民共和国数据安全法》和《中华人民共和国个人信息保护法》为人工智能的发展提供了基础性的法律保障。（　）

3. COMPAS 工具对非裔美国人的再犯罪风险评分存在系统性偏差。（　）

4. 脑机接口头环监控学生专注度属于社会层面的伦理问题。（　）

5. 我国首部针对生成式人工智能的法规是《人工智能法》。（　）

参考答案

第 13 章　人工智能简介习题

一、选择题

1. B。　2. B。　3. B。　4. C。　5. C。　6. C。　7. D。　8. A。　9. B。　10. B。
11. B。　12. A。　13. B。　14. B。　15. C。　16. B。　17. A。　18. D。　19. B。　20. A。

二、填空题

1. 推理，记忆，理解。
2. 图灵。
3. 智能语音助手（或医疗影像辅助诊断、人脸识别等）。
4. 智能的发生。
5. 专家系统。
6. DeepSeek。
7. 强人工智能，弱人工智能。
8. 灵医大模型。
9. 数智本草。
10. 多源。

三、判断题

1. 正确。　2. 正确。　3. 错误。　4. 错误。　5. 错误。
6. 错误。　7. 错误。　8. 错误。　9. 正确。　10. 错误。

第 14 章　机器学习基础习题

一、选择题

1. B。　2. A。　3. C。　4. B。　5. A。　6. B。　7. B。　8. C。　9. B。　10. B。
11. B。　12. D。　13. B。　14. A。　15. B。　16. B。　17. B。　18. C。　19. B。　20. B。
21. D。　22. B。　23. B。　24. A。　25. B。　26. D。　27. B。　28. C。　29. B。　30. D。
31. B。　32. D。　33. B。　34. C。　35. A。　36. B。　37. C。　38. B。　39. A。　40. D。

41. A。 42. A。 43. A。 44. C。 45. D。 46. B。 47. A。 48. A。 49. C。 50. A。

二、填空题

1. 结构。
2. 知识表示方法。
3. 知识库，知识图谱。
4. 节点。
5. 需带伞。
6. 过拟合。
7. 验证。
8. 特征工程。
9. 回归。
10. TP。
11. 标记（label、标签）。
12. 降维。
13. 聚类。
14. 基于模型。
15. 距离。
16. 特征空间。
17. 训练，测试，验证。
18. 质心。
19. 估计。
20. 人脸识别。

三、判断题

1. 正确。 2. 错误。 3. 正确。 4. 正确。 5. 错误。
6. 正确。 7. 错误。 8. 错误。 9. 正确。 10. 正确。

第 15 章　深度学习基础习题

一、选择题

1. B。 2. C。 3. B。 4. D。 5. B。 6. D。 7. B。 8. A。 9. B。 10. C。
11. B。 12. C。 13. D。 14. B。 15. B。 16. A。 17. B。 18. D。 19. D。 20. C。
21. B。 22. A。 23. C。 24. B。 25. B。 26. A。 27. B。 28. C。 29. B。 30. D。

二、填空题

1. 输入层、输出层。
2. 梯度。
3. 权重更新。
4. 梯度。
5. 学习率。
6. 分类。
7. 局部特征。
8. 卷积核（或滤波器）。
9. 隐藏状态。
10. 长短期记忆模型。
11. 潜在空间。
12. 判别器。
13. 图。
14. 3D 卷积。
15. GPT。
16. LSTM。
17. CNN。
18. NLP。
19. RNN（LSTM）。
20. 行和列。

三、判断题

1. 错误。　2. 错误。　3. 正确。　4. 正确。　5. 错误。
6. 错误。　7. 错误。　8. 错误。　9. 正确。　10. 错误。

第 16 章　自然语言处理习题

一、选择题

1. C。　2. B。　3. B。　4. A。　5. B。　6. B。　7. D。　8. C。　9. B。　10. B。
11. A。　12. D。　13. B。　14. B。　15. C。　16. B。　17. B。　18. A。　19. B。　20. B。
21. D。　22. C。　23. B。　24. B。　25. D。　26. B。　27. B。　28. A。　29. B。　30. C。
31. B。　32. D。　33. B。　34. A。　35. B。　36. C。　37. B。　38. C。　39. B。　40. B。

二、填空题

1. 特征。
2. 词嵌入。
3. 多。
4. SVM。
5. 短文本。
6. 情感分析。
7. 黑箱。
8. 线性分类器。
9. 情绪分析。
10. 句子级。
11. 数据标注。
12. 语言。
13. 整篇文档。
14. 规则维护。
15. 分词。
16. 客服机器人。
17. Transformer。
18. 注意力机制。
19. 自监督。
20. 编码器 - 解码器。
21. 健康。
22. 质量。
23. 目标语言。
24. 语义。
25. 同质化。
26. 问诊。
27. 意图识别。
28. 排序。
29. TER。
30. 语音。

三、判断题

1. 错误。 2. 错误。 3. 正确。 4. 错误。 5. 正确。
6. 正确。 7. 正确。 8. 错误。 9. 错误。 10. 错误。

第 17 章　生成式人工智能习题

一、选择题

1. B。 2. B。 3. A。 4. A。 5. A。 6. C。 7. D。 8. B。 9. A。 10. A。
11. D。 12. A。 13. A。 14. C。 15. A。 16. A。 17. A。 18. B。 19. A。 20. C。
21. A。 22. A。 23. D。 24. A。 25. C。 26. A。 27. A。 28. A。 29. B。 30. A。

二、填空题

1. 风险评估。
2. 准确性。
3. 车辆调度。
4. 判别器。
5. 分子。
6. 输出指示。
7. 行为轨迹。
8. 文本。
9. 异常。
10. 强化学习。
11. 自注意力。
12. 约束语句。
13. 基因组。
14. 音频。
15. 推理。
16. 分子。

三、判断题

1. 错误。 2. 错误。 3. 正确。 4. 正确。 5. 错误。
6. 正确。 7. 错误。 8. 错误。 9. 错误。 10. 正确。

第 18 章　人工智能行业应用习题

一、选择题

1. B。 2. B。 3. B。 4. C。 5. B。 6. D。 7. C。 8. C。 9. A。 10. B。
11. C。 12. B。 13. A。 14. B。 15. D。 16. B。 17. B。 18. C。 19. C。 20. C。

二、填空题

1. 像素。
2. 图像。
3. 红，绿，蓝。
4. 生物炭。
5. 图像分割。
6. CNN。
7. 精准施肥。
8. 变量管理。
9. 时间序列。
10. 多模态。

三、判断题

1. 错误。 2. 错误。 3. 错误。 4. 正确。 5. 错误。

第 19 章 人工智能伦理习题

一、选择题

1. B。 2. A。 3. B。 4. B。 5. D。 6. B。 7. B。 8. A。 9. A。 10. B。
11. B。 12. C。 13. B。 14. C。 15. D。 16. B。 17. B。 18. A。 19. B。 20. B。

二、填空题

1. 个人层面。
2. 男性。
3. 人工智能法。
4. 121。
5. 深圳经济特区人工智能产业促进条例。
6. 差分隐私。
7. 韦尔伯斯。
8. 布莱切利宣言。
9. 脑机接口。
10. 独立。

三、判断题

1. 正确。 2. 正确。 3. 正确。 4. 错误。 5. 错误。